无 线 秘 籍
射频电路设计入门

李 明　尔古打机　黄勤珍　著

U0281141

电子工业出版社·

Publishing House of Electronics Industry

北京·BEIJING

内 容 简 介

　　本书是无线通信产品硬件研发（射频研发）的实战入门书，首先介绍无线通信的起源和发展历程，然后讲解无线通信的基本概念，重点说明什么是射频以及射频系统的基本架构，详细介绍2种射频发射机和3种射频接收机的架构和性能指标以及12种射频单元电路。另外，本书还介绍了与阻抗相关的基础知识，以及工程实战基础与技能。

　　本书适于在无线通信、物联网、智能硬件等相关行业从事射频或硬件研发的职场新人，通信、电子、物联网等相关专业的学生，以及计划转入这些行业的人士、培训机构的学员等阅读和参考。

图书在版编目（CIP）数据

无线秘籍：射频电路设计入门/李明，尔古打机，黄勤珍著. —北京：电子工业出版社，2021.1

ISBN 978-7-121-33735-2

Ⅰ.①无…　Ⅱ.①李…②尔…③黄…　Ⅲ.①射频电路–电路设计　Ⅳ.①TN710.02

中国版本图书馆CIP数据核字（2018）第033244号

责任编辑：李树林
印　　刷：北京虎彩文化传播有限公司
装　　订：北京虎彩文化传播有限公司
出版发行：电子工业出版社
　　　　　北京市海淀区万寿路173信箱　邮编　100036
开　　本：720×1 000　1/16　印张：15.75　字数：265千字
版　　次：2021年1月第1版
印　　次：2024年11月第11次印刷
定　　价：69.00元

　　凡所购买电子工业出版社图书有缺损问题，请向购买书店调换。若书店售缺，请与本社发行部联系，联系及邮购电话：（010）88254888，88258888。

　　质量投诉请发邮件至 zlts@phei.com.cn，盗版侵权举报请发邮件至 dbqq@phei.com.cn。

　　本书咨询和投稿联系方式：（010）88254463，lisl@phei.com.cn。

前　言

　　恭喜你在茫茫书海中找到这本以培养无线通信产品硬件研发工程师为唯一目标的实战教材，也很荣幸借助本书和你一起探究无线通信射频领域的知识，并见证你的努力和成长！

本书的读者对象

√ 大学师生：高校中的通信、电子、物联网等相关专业的老师和学生。

√ 职场菜鸟：准备入职或刚入职不久的相关人员。

√ 培训机构：相关培训机构的老师和学员。

√ 职业院校师生：职业院校中的通信、电子、物联网等相关专业的老师和学生。

√ 转行人士：计划或正在转行从事无线通信的人士。

√ 爱好者：无线通信爱好者。

你将收获什么

如果你是大学生：培养你的工程实践能力，解决你动手能力差的问题，帮助你更好地学习，提高你毕业设计的水平；让你直接参与到目前企业实际技术和项目中，培养你的专业技能、素养、工作的规范性，把从校园到社会和职场的过渡提前进行，帮助你提前适应职场；希望你在毕业时具备有别于其他同学的突出竞争力，有助于你应聘到理想的企业和职位。

如果你是职场新人：快速补齐你工作中所需的基本知识和技能；解决你羞于启齿或无人指导的尴尬；对你的长期自学进行系统的指导，防止你走弯路；希望你早日成为无线江湖中的"英雄"或"佳人"。

如果你是培训机构或大学的老师：为你的教学提供工程实战知识和技能，让你的教学更贴近行业、企业的需求，提高学生就业率。

如果你是其他类型的读者：无论你是培训机构的学生，还是计划转行做无线通信领域的射频工程师，抑或你只是一个无线通信爱好者，都可以在阅读本书的过程中取得意想不到的收获。

本书的内容

本书是无线通信射频电路设计教材。在内容编写上，避免了传统专业书籍重理论讲解轻视工程实战的通病，开创性地以培养一名企业工程师入门所需的知识、技能为大纲，循序渐进地组织全书，力图构建射频电路工程师学习和成长的知识体系。

专业干货，行业前沿。本书提炼了无线通信产品硬件研发工作（射频研发）所需的核心基础知识和技能，内容专业、精练，实属研发技术干货。另外，所讲内容均是目前行业或企业里的先进技术，并结合最近两年的一系列热门产品进行剖析讲解，以确保读者所学即工作所用。

第1章　无线通信的起源和发展历程。从认识无线通信界的"祖师爷"开始，回顾无线通信的历史，介绍当今无线通信的发展，并展望未来的发展趋势。

第2章　无线通信的基本概念。结合5G、NB-IoT、LoRa、LTE等一系列无线通信技术标准，普及无线通信技术的基本知识。

第3章　什么是射频和射频系统基本架构。结合对iPhone手机和小米路由器的分析，引入无线产品硬件研发的关键技术（同时也是本书要讲的主要内容）——射频研发技术，并简明扼要地介绍射频系统的架构。

第4章　射频发射机系统架构。系统、全面地介绍2种射频发射机的系统架构。通过剖析iPhone手机、美国网件路由器，详细地讲解射频发射机的系统架构、种类和优缺点。最后结合一系列测试案例，全面介绍用于衡量发射机性能的各种指标和常用单位。

第5章　射频接收机系统架构。系统、全面地介绍3种射频接收机的系统架构。通过剖析北斗导航芯片、室外AP、共享单车锁，详细地讲解射频接收机的系统架构、种类和优缺点。最后结合一系列测试案例，全面介绍用于衡量接收机性能的各种指标，特别对灵敏度进行了深度讲解。

第6章　射频单元电路。本章是本书非常重要的部分，介绍和学习消费电子产品中常用的12种单元电路。全面地介绍各种单元电路的基本原理、设计应用、主要芯片厂商；每节展示一个热门产品的电路设计，使得所学即所用。

第7章　与阻抗相关的基础知识。本章讲述传统射频教材很少讲解的重要射频基础知识，即与阻抗相关的基础知识。内容包括：什么是阻抗和阻抗匹配，如何进行阻抗匹配，阻抗线及其关键参数，史密斯圆图的原理和应用。

第8章　工程实战基础与技能。本章是本书最大的创新，以一位射频工

程师从基础到专业的修炼过程中需要的知识来讲解，全面梳理工程师学习和成长所需的知识体系。目前市面上的射频专业书籍都侧重于传统理论的讲解，而忽略了职场工程实战背后所需的一系列知识和技能。本章内容包括一些基础理论知识、通信协议、原理图设计、印制电路板（Printed Circuit Board，PCB）设计、焊接调试、仪器测试、产品认证等，这与一个产品研发的流程基本相符合。

本书的特点

实战化，工程化。在编写风格上，采用实用性的工程化语言，并尽量避免各种让人望而生畏的复杂理论推导。同时，结合大量热门产品剖析，提高读者的学习效率和兴趣。另外，书中不时地在一些章节插入了"动动小手"和"实战小锦囊"的环节，其中"实战小锦囊"是馈赠读者的非常有价值的实战妙招。

读者服务

如前所述，本书是一本创新性的工程实战性教材，因此对于理论方面的研究有限。另外，工程实战中需要的知识和技能非常丰富。由于篇幅所限，本书只是讲解最基础和最应掌握的内容，如同站在河岸上永远无法学会游泳一样，很多知识和技能需要在实战中学习才能更好地理解和掌握。在你阅读本书的过程中若有疑问，欢迎你通过以下方式联系我们，我们将竭诚为你服务。

QQ：180302393

邮箱：service@goodcareer.com.cn

致谢

　　首先，在本书编写过程中，得到了著者家人们的大力支持，没有他们在背后的默默付出，本书也没有这么快呈现给大家，谨以本书献给他们！其次，本书的出版发行，得到了电子工业出版社编辑李树林先生的大力支持，在此表示衷心的感谢！同时，感谢电子工业出版社所有相关人员为本书付出的辛苦努力！最后，本书在出版过程中得到了相关行业的一些朋友的支持和帮助，在此一并感谢！

目　录

第1章
无线通信的起源和发展历程

 学习指引

本章共 3 节。

先按照时间顺序回顾无线通信的起源和各个历史阶段，再介绍最近十多年来无线通信的发展，并展望无线通信蓬勃发展的未来。

 学习重点

○ "无线电之父" 马可尼

○ 无线电早期的 5 个历史阶段

○ 超外差接收机

○ 国际电信联盟（ITU）

○ TD-SCDMA 的历史意义

○ 移动通信对无线通信的推动

○ 功能机时代的原始积累

○ 物联网和 5G 的巨大潜力

无线通信尽管只有 100 多年的历史，却经历了波澜壮阔的发展历程，每一个历史发展阶段又给人类社会带来了巨大的变革。

1.1 无线通信的起源

1897 年，意大利科学家马可尼（见图 1-1），在英国西海岸成功测试跨海（距离为 4.5 km）无线通信，一周后又把测试距离扩大到 14.5 km。同年，马可尼在意大利拉斯佩齐亚建设地面站，同 19 km 外的一艘战舰建立起无线通信，用无线电实现了人类历史上第一次海对地的无线通信。在这一年，马可尼使得无线电被欧洲一些国家正式认可，这被认为是无线通信的开端，从那时起无线通信射频（Radio Frequency，RF）技术正式诞生了。马可尼被称为"无线电之父"，是无线通信这个江湖上公认的"祖师爷"。

图 1-1 "无线电之父"马可尼

在 100 多年的无线江湖史上，涌现出了哪些英雄豪杰，又发生了哪些大事？

让我们追忆一下无线通信江湖上几个重要的历史阶段①，并认识在各个阶段各领风骚的英雄豪杰。

○ **第一阶段：1855—1888 年（江湖特征：电磁波来了）**

1865 年，英国科学家麦克斯韦在总结前人的基础上提出了电磁波学说，并于 1873 年出版了科学名著《电磁学通论》，系统、全面、完美地阐述了电磁理论体系。

1887 年，德国科学家赫兹（Hertz）用一个振荡电偶极子产生了电磁波，在历史上第一次验证了电磁波的存在。

1888 年，赫兹将这些成果汇总在《论动电效应的传播速度》一文中。这一年成为近代科学发展史上具有里程碑意义的一年，由法拉第开创、麦克斯韦总结的电磁理论，至此才获得了试验验证，而电磁波也因此被命名为"赫兹波"。

○ **第二阶段：1889—1896 年（江湖特征：无线电起航）**

1889 年，赫兹在一次著名演说中明确指出，光是一种电磁波。至此，"无线电"这个概念也逐渐走入科学研究的视野，他的发现继而被应用于人类对无线电的开拓。

同年，俄国科学家波波夫多次重复了赫兹的实验，提出"电磁波可以用来向远处发送信号"，并于 1894 年改进了赫兹的实验装置，即利用撒了金属粉末的检波器，通过架在高空的导线，记录了大气中的放电现象，这是世界上第一台无线电接收机。一年以后，他又在彼得堡大学两幢相距 250 m 的大楼之间表演了无线电通信，传送了世界上第一份无线电报。

---

① 以下历史信息摘自无线电管理局《无线电发展史》的相关文章。

1893 年，尼克拉·特斯拉在美国密苏里州圣路易斯首次公开展示了无线电通信；而具有历史意义的无线发射，却是由俄国科学家波波夫和意大利的马可尼完成的。

○ 第三阶段：1897—1910 年（江湖特征：群策群力，无线电应用初露端倪）

1897 年，意大利科学家马可尼在赫兹实验的基础上，实现了近距离无线电信号的传输，这个距离在当时不过 100 m。同年，马可尼又做了前面提到的和战舰之间通信的实验。

1901 年，马可尼做了跨越大西洋传输无线电信号的表演，这一次他把信号从英国的康沃尔发送到了加拿大的纽芬兰，他因此获得 1909 年诺贝尔物理学奖。

1904 年，英国科学家弗莱明获得一项专利，在该专利说明中描述了一个高频交变电流的两极真空管，这标志着人类进入无线电电子学时代。

1906 年，美国科学家弗雷特斯发明了真空三极管，这是电子技术发展史上一个重要的里程碑。

1906 年，美国科学家费森登在马萨诸塞州组织进行了第一次广播。

○ 第四阶段：1911—1944 年（江湖特征：无线电大发展，战争与和平）

1912 年，英国科学家埃克尔斯提出了无线电波通过电离层传播的理论，这一理论使得一群业余爱好者在 1921 年实现了短波实验性广播；同年，美国的费森登和阿姆斯特朗改进了接收机的工作方式，发明了超外差接收系统，这种工作形式仍是目前许多无线电接收机的主要工作方式。

1914 年，第一次世界大战爆发，无线电立即成为将军们的新宠。它使得战地部队之间能够快速通信，从而加快战事推动速度，无线信息被加密后通过莫尔斯码以电波形式发送出去。第二次世界大战（以下简称"二战"）开始前夕，无线电得到一定程度的发展，聪明的英国人和美国人发挥了极其重要的作用，他们发明了早期的电视和雷达，为二战的胜利奠定了基础。

1920 年，美国底特律建立了一家实验性电台，播报州长竞选新闻，被称为首次广播新闻。同年，业余爱好者弗兰克·康拉德建造了世界上第一座广播电台。此后，法国、英国、德国、意大利、日本在 1921—1925 年间相继成立了自己的广播电台。直到今天，我们仍能听到几个耳熟能详的名字：英国广播公司（BBC）、日本广播协会（NHK）等。

○ **第五阶段：1945—1980 年（江湖特征：不断接力，闪亮登场，覆盖全球）**

二战结束后，无线电的作用已经完全被人们接受了。我们不得不提到一个国际组织——国际电信联盟（International Telecommunication Union，ITU），ITU 自 1865 年 5 月 17 日成立以来，一直扮演着无线电国际协调与贡献的重要角色。1947 年 10 月 15 日，国际电信联盟（ITU）成为联合国的一个专门机构，其总部由瑞士伯尔尼迁到了日内瓦，一直到现在都没有再搬家。从那以后，无线电的发展便插上了翅膀，飞得更高，飞得更远。

早期的人们由于电子元器件的限制，只能使用 20 ～ 30 MHz 的短波完成无线通信；但到了 20 世纪 60 年代以后，逐步把频率扩展到了 150 MHz 和 400 MHz。1950 年以后，中继通信开始在美国大放异彩，像流行歌曲一样传播开来。

1978 年，加拿大无线电爱好者进行了分组数据交换通信技术试验。

20 世纪 70 年代到 80 年代，微电子技术和微处理器高速发展，由美国贝尔实验室推出的蜂窝系统的概念和理论在实际工作和生活中得到应用，使得美国、日本等国家纷纷研制出陆地移动电话系统。可以说，这时的无线电移动通信系统真正地进入了个人领域，具有代表性的有美国的 AMPS（Advanced Mobile Phone System），也就是我们常说的"大哥大"所采用的通信标准。

1.2　无线通信当今的发展

近 10 年来，无线通信是电子信息领域中发展最为迅速的产业之一，从我们日常所用的电子产品（见图 1-2）就可略见一斑。

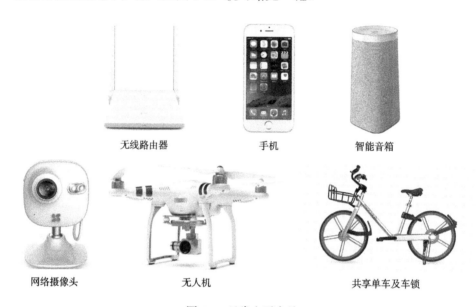

无线路由器　　　　　手机　　　　　智能音箱

网络摄像头　　　　无人机　　　　共享单车及车锁

图 1-2　日常电子产品

上述产品中既有热门的消费电子产品——手机，又有传统电子产品——路由器，还有新颖的电子产品——无人机、网络摄像头、智能音箱，以及前两年火热的共享单车及车锁；再看看，那些最"不思进取"的传统家电都开始具备无线功能了。这些产品中无线通信成为非常重要的基础功能，没有无线就很难给人们带来便利性的价值和服务。无线通信技术达到这样的水平，是 100 多年来无数科学家和工程师努力奋斗的结果。

移动通信极大地推动了无线通信射频技术的发展。以典型产品——手机为例，从模拟通信"大哥大"蜕变而生为功能机。从 20 世纪 90 年代中后期开始，经历 10 年左右的迅猛发展后进入到智能机时代；再经过近 10 年的发展后，

手机越来越朝着超薄化、大屏化、多制式化（多个通信系统）发展。手机对无
线通信的推动发展如图 1-3 所示。这种趋势对射频系统和器件提出了更高的要
求，从而推动着射频技术不断挑战极限地发展。

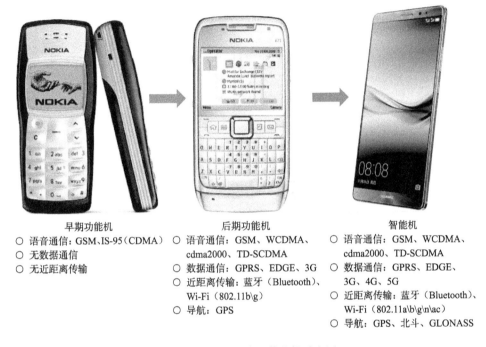

早期功能机	后期功能机	智能机
○ 语音通信：GSM、IS-95（CDMA） ○ 无数据通信 ○ 无近距离传输	○ 语音通信：GSM、WCDMA、cdma2000、TD-SCDMA ○ 数据通信：GPRS、EDGE、3G ○ 近距离传输：蓝牙（Bluetooth）、Wi-Fi（802.11b\g） ○ 导航：GPS	○ 语音通信：GSM、WCDMA、cdma2000、TD-SCDMA ○ 数据通信：GPRS、EDGE、3G、4G、5G ○ 近距离传输：蓝牙（Bluetooth）、Wi-Fi（802.11a\b\g\n\ac） ○ 导航：GPS、北斗、GLONASS

图 1-3　手机对无线通信的推动发展

下面回顾国内移动通信的发展历程。

从 20 世纪 80 年代末开始，BP 机和“大哥大”开始进入中国。目前通常
只有在影视里才能看到的老古董——“大哥大”，由美国老牌电子通信巨头摩
托罗拉发明，并从广东地区进入中国。由于当时价格极其昂贵，在现在看来十
分老土的“大哥大”俨然成为富豪、老板们身价和地位的象征。

1995 年，GSM 数字移动网络正式开通，手机开始撕掉了土豪专属的标
签，走向普罗大众。伴随而来的是，诞生了一大批国内手机品牌厂商，打破了
早期清一色国外品牌的垄断。经过一轮洗牌后，许多国产品牌倒闭，行业演变

为"设计公司＋终端品牌"的模式。中兴通讯（公司）堪称设计公司（Design House）的黄埔军校，上海前几大设计公司的创始人或高管多数是中兴通讯出身，从而使上海变成设计公司的大本营。这些设计公司为中国手机行业培养了大批人才，功能机时代为中国完成了从技术到生产制造的整个产业链的原始积累，为后续包括智能机在内的无线通信行业的发展奠定了基础。

2000 年，ITU 公布了 3G 标准，只有 WCDMA 和 CDMA 两种。我国政府站在战略的高度支持以大唐电信为代表的企业制定我国的 3G 标准——TD-SCDMA，终于在 2003 年获得 ITU 的承认，并公布了这个标准。从此，在无线通信历史上有了中国的一席之地。

1.3　无线通信行业蓬勃发展的趋势

通信技术已经呈现无线化趋势。无线通信在便利性、扩展性、适应性、工程维护等方面的优势已经在不断颠覆有线通信的"疆域"，这一趋势在 5G 到来后将更加明显。

2014 年为智能硬件元年，从此智能硬件开始火热起来，而无线通信始终是这些智能硬件产品的关键技术之一。

物联网（IoT）已经发展到普及和爆发的阶段，LoRa 和 NB-IoT 已经呈现出两大互补性标准的局面。在国内，由中兴通讯发起的中国 LoRa 应用联盟（China LoRa Application Alliance，CLAA），截至 2017 年年底其成员已达 1000 多家。全球已有 100 多个国家和 350 多个城市部署了 LoRa 物联网。由华为推动的 NB-IoT 已于 2016 年由 3GPP 冻结为 Release 13（Rel-13），并于 2017 年开始商用。2017 年被誉为"物联网元年"。

作为物联网一个分支的智能家居行业，这两年随着美国亚马逊的 Alexa 音箱的爆发，国内从京东和科大讯飞的联合公司所推出的"叮咚"音箱开始，掀起了一场智能音箱发展的狂潮，互联网巨头纷纷重兵投入：阿里推出"天猫精灵"，小米推出"小爱"，百度推出"小度"。智能音箱再次点燃了智能家居行业，必将带动相关配套无线产品的发展。

Wi-Fi 领域即将步入 802.11ax 的时代（即 Wi-Fi 6），IEEE draft 2.0 标准草案已于 2017 年 10 月发布，新产品已于 2018 年 CES 亮相，OFDMA 多址方式和更高阶的调制技术将为用户带来全新的体验，苹果公司于 2019 年秋发布的 iPhone11 等新一代手机已经支持 Wi-Fi 6 技术。

第五代移动通信（5G）技术于 2020 年在国内商用。第一阶段（Phase 1）的协议标准即 Release 15（Rel-15）由 3GPP 完成，已于 2018 年 6 月由 3GPP 宣布正式冻结。第二阶段（Phase 2）5G 标准第一个演进版本 Release 16（Rel-16）已于 2020 年 6 月冻结。5G 在超高速率（超越现在的有线速率，1 Gbps 以上）、超高频率（频率上升到几十 GHz）、Massive MIMO、D2D 等关键技术的支持下，将实现三大应用场景，即增强型移动宽带（eMBB）、超高可靠低时延通信（URLLC）、海量机器通信（mMTC），分别应用于极限移动宽带、车联网、工业控制、远程医疗、万物互联的物联网等行业。这些必将在我们现有生活的许多方面引发质的变革！

从以上各领域的发展态势来看，我们可以预料接下来的几年，将迎来新一轮无线通信技术的整体升级换代，无线通信江湖将进入下一个兴盛时期。无线通信技术的整体更新，必将带动无线通信行业大发展，也将引发大量的人才需求。

第2章
无线通信的基本概念

 学习指引

本章共7节。

主要介绍无线通信技术的基础知识。无线通信技术知识较为抽象，为了便于理解，本书不进行原理与理论的探讨和分析。本章先简单介绍概念，然后结合常见的无线通信系统进行讲解，让大家初步了解无线通信技术的基础知识，并能把所学知识融入实际应用中。

学习重点

○ 调制方式

○ 双工方式

○ 多址方式

○ 分集接收

○ MIMO

2.1　工作频段（Operating Band）

什么是工作频段

任何一个无线通信系统都有规定的工作频率，这个工作频率的区间范围就是工作频段（Operating Band）。

无线通信之所以称为无线通信，就是因为它是以无线电磁波的形式进行通信的，而无线电磁波都有自己的频率（产生于按照一定频率变化的交流信号），所以，每一种无线通信电磁波的频率范围就常称为工作频段。

划分工作频段的目的是什么

一是合理利用频率资源。看不见摸不着的无线电频率其实是一种资源，如同土地一样。频段就如同频谱中的条条高速公路，在哪里修公路，公路修多宽，都必须进行规划，才能合理地利用频率资源。随着近几十年来无线通信的巨大发展，无线通信技术标准越来越多，占据的频率范围越来越宽，频率这种看不见的资源也变得非常紧张。

二是避免各种无线通信之间的干扰。无线通信传播的基础是电磁波，电磁波具有辐射性，如果各种无线通信技术在一个频率范围内辐射，将产生非常严重的干扰，因此必须对各种无线通信进行频率划分，以防止干扰。

示例

我国工业和信息化部为 2017 年火热的 NB-IoT 物联网技术划分的几条"公路"（几个频段）如图 2-1 所示。注意，这里没有画 900 MHz 频段。

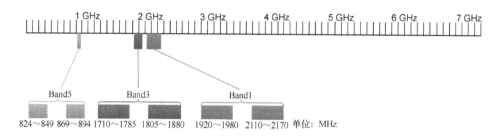

图 2-1　国内 NB-IoT 频段图

工作频段由谁来划分

国际上，由前面提到的 ITU 来统一指导工作频段的划分。在我国，由工业和信息化部无线电管理局 / 国家无线电办公室负责编制无线电频率规划，以及无线电频率的划分、分配与指配。

2.2　信道（Channel）

什么是信道

如果把频段比喻成公路，信道就是每条公路上的车道（这里仅指物理信道，不是逻辑信道）。把工作频段再按照一定的宽度等分成若干小的频率范围，规定每个用户最大只能占用这个频率范围，这种小的频率范围就是信道（对于 GSM 这个特例系统，频率信道在时间上又分为 TDMA 帧，每一帧包括 8 个时隙，每个时隙分配给一个用户，这个时隙就是一个物理信道）。无线通信的发送端和接收端之间的通信都是以信道的形式进行的。

示例

Wi-Fi 5G 频段上各信道分配如图 2-2 所示。

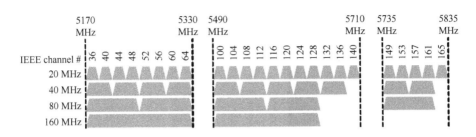

图 2-2　Wi-Fi 5G 频段信道分配

划分信道的目的是什么

划分信道可以更加高效地利用频率：把频率划分后分配给不同的用户使用，从而可以保证系统的容量（用户数量）。

划分信道便于寻址（区分不同用户）：通过指定不同用户使用相应的信道进行通信，可以先从频率上区分用户。

划分信道可以避免干扰：每个用户按照信道划分而分开通信，从而降低了不同用户之间的干扰。

信道带宽

信道所占用的频率范围就叫信道带宽。带宽的大小非常重要，是决定通信速率的关键因素之一。下面列举一些常见的无线通信技术的信道带宽。

移动通信
- GSM：200 kHz
- WCDMA：5 MHz
- cdma2000 1X：1.25 MHz
- TD-SCDMA：1.6 MHz
- LTE：1.4 MHz /3 MHz /5 MHz /10 MHz /15 MHz /20 MHz
- 5G（Range1 频段）：5 MHz/15 MHz/20 MHz/30 MHz/40 MHz/50 MHz/60 MHz/70 MHz/80 MHz/90 MHz/100 MHz
- 5G（Range2 频段）：50 MHz/100 MHz/200 MHz/400 MHz

其他无线通信
- Wi-Fi：22 MHz/20 MHz/40 MHz/80 MHz/80 MHz +80 MHz /160 MHz
- ZigBee：2 MHz
- NB-IoT：200 kHz
- Bluetooth：1 MHz/2 MHz
- GPS：2.046 MHz
- LoRa：7.8 kHz/10.4 kHz/15.6 kHz/20.8 kHz/31.2 kHz/41.7 kHz/62.5 kHz/125 kHz/250 kHz/500 kHz

2.3 多址（Multiple Access）方式

什么是多址方式

多址方式又叫多址接入方式或多址技术，是指在一个网络（如移动通信的小区、无线局域网）中，当多个用户接入网络时，解决如何高效地共享一个无线资源（时间／频率／空间／载波）的技术。

通俗地说，当多个用户共享一个无线资源时，按照时间、频率、空间、编码、子载波等进行划分，从而使不同用户在不同的分割下使用（接入）该资源进行通信。占用不同的分割资源就像拥有不同的地址，而同一资源可以有多个地址，因此称为多址接入。

有哪些多址方式

多址方式大致上分为两类：正交多址（Orthogonal Multiple Access，OMA），即用户之间不存在干扰；非正交多址（NOMA），每个用户的信号可能和其他用户相干扰。

在 5G（第五代移动通信）之前的多址方式都属于正交多址。随着移动通信的不断演进，传统正交多址技术已经无法满足要求，因此 5G 开始采用非正交多址技术。另外，如第 1 章所讲，5G 有三大应用场景，这么广泛的应用场景采用一种固定的多址方式是不现实的，这就要求 5G 采用多种多址方式，为系统提供灵活性和扩展性。下面介绍各种多址方式。

FDMA（Frequency Division Multiple Access）：中文名为频分多址，不同用户采用不同的频率（信道）进行通信，从而区分不同用户。

TDMA（Time Division Multiple Access）：中文名为时分多址，不同用户在不同的时间（时隙）进行通信，从而区分不同用户。比如，GSM 的信道分成

8 个时隙轮流使用，每个时间点上只有 1 个用户使用。

CDMA（Code Division Multiple Access）：中文名为码分多址，不同用户采用不同的编码序列（伪随机码）进行扩频。

SDMA（Space Division Multiple Access）：中文名为空分多址，不同用户采用不同的空间信道（定向天线波束），从而区分不同用户。

OFDMA（Orthogonal Frequency Division Multiple Access）：中文名为正交频分多址，它是从 OFDM 信道调制技术演变而来的。OFDM 是一种多载波调制技术，它把一个信道分为若干个正交的子载波，每个子载波就是一个子信道；而 OFDMA 是把若干子信道组成的载波集分配给不同用户的一种多址技术。

CSMA/CA（Carrier Sense Multiple Access with Collision Avoidance）：中文名为"带有冲突避免的载波监听多用户接入"，广义上来说 CSMA/CA 也属于 TDMA 技术。CSMA/CA 的原理：在发送数据前先监听链路（信道），如空闲（没有其他用户占用），则立即发送；边发送边监听，如果检测到冲突，则立即停止发送，随机等待一段时间后再尝试。通俗地概括为：先听后说，边听边说，冲突不说，随机重说。

NOMA（Non-Orthogonal Multiple Access）：中文名为非正交多址。NOMA 的种类有多种，总体来说其原理大致相同。之前的正交多址技术是在时域、频域、码域上做文章，NOMA 则增加了一个新的维度——功率域，不同用户采用相同的时间和频率资源发送信息，利用每个用户的不同路径损耗来实现用户的复用，在接收端采用自干扰消除（SIC）技术对信号进行处理。

NOMA 是目前多址技术领域中的热门技术，很多公司都提出了解决方案，如华为提出的 SCMA（稀疏码多址）、诺基亚提出的 IDMA（交织分多址）、中兴通讯提出的 MUSA（基于多用户共享接入）、三星提出的 IGMA（交织分割多址接入）、高通提出的 RSMA（资源扩展多址接入）等。到目前为止，这些多址技术都没有被 3GPP 正式定为协议标准，都还在讨论阶段。

采用 NOMA 的原因和 NOMA 的应用场景。由于 5G 需要满足低时延（URLLC，1 ms）、低信令开销（mMTC、eMBB、URLLC）、低功耗（mMTC、eMMB）、海量接入数（mMTC，物联网海量机器通信要求每平方千米内上百万个连接），对系统容量、时延、信令开销、功耗提出了非常高的要求，传统的正交多址接入方式的弊端将无法满足 5G 系统的要求。例如，在一个正交多址接入系统中，一块资源（时间/频率/编码/空间）平均分配给 N 个用户，每个用户能够分到 $1/N$ 的资源。而采用 NOMA 多址接入时，由于每个用户不必正交，从而共享资源，因此显著提高了系统的接入数量。除此之外，NOMA 在信令开销、功耗、时延方面的优点刚好满足了 5G 系统的要求。但是，由于 NOMA 技术固有的干扰问题（同时同频发送），决定了 NOMA 并不能广泛地应用于各种场景。对于 eMBB 场景，大多数情况下仍旧是正交多址，即 OFDMA 和 SC-FDMA。NOMA 的应用场景见表 2-1。

表 2-1　NOMA 的应用场景

5G 应用	场 景 说 明	价　　值
eMBB	小区边缘非连续突发的小数据包业务	降低信令开销和功耗
URLLC	周期性或事件触发的小数据包业务	降低时延和信令开销
mMTC	NOMA 技术最主要的应用场景	提高系统容量，降低时延和信令开销

常见无线通信系统分别采用哪种多址方式

下面列举一些常见无线通信的多址方式。

移动通信

○ GSM：FDMA（信道）+TDMA（时隙）

○ WCDMA：CDMA

○ cdma2000 1X：CDMA，TDMA+CDMA（EVDO 前向链路）

○ TD-SCDMA：TDMA+FDMA+CDMA+SDMA

○ LTE：SC-OFDMA（上行链路），OFDMA（下行链路）

○ 5G：SC-FDMA（上行链路），OFDMA（下行链路），NOMA

其他无线通信

○ Wi-Fi：CSCMA/CA

○ ZigBee：CSCMA/CA

○ NB-IoT：FDMA（上行链路），OFDMA（下行链路）

○ Bluetooth：TDMA

○ GPS：CDMA

○ LoRa：ALOHA

2.4 双工（Duplex）方式

什么是双工方式

所谓双工，就是指通信双方之间可以双向通信，每一方都可以发送信息，也可以接收信息。双工方式是指通信双方如何进行发送和接收信息的形式。

有哪些双工方式

传统的双工方式主要有两种，即 TDD 和 FDD。

TDD（Time Division Duplex）：中文名为时分双工，通过不同的时间（时隙）进行发送或接收，而发送和接收的时间不同，每个时间点上要么是发送，要么是接收。

FDD（Frequency Division Duplex）：中文名为频分双工，通过不同的频率（信道）进行发送或接收，发送和接收的频率不同。

CCFD（Co-time Co-frequency Full Duplex）：中文名为同时同频全双工。随着 5G 移动通信的发展，除了分别采用 FDD 和 TDD 双工方式外，为了提高频率利用率和频率配置的灵活性，又演变出新的双工方式，针对 D2D 通信采用 CCFD 双工方式，顾名思义就是采用相同时间、相同频率进行发射和接收的全双工通信。

三种双工方式的示意图如图 2-3 所示。

常见无线通信分别采用哪种双工方式

下面列举一些常见无线通信的双工方式。

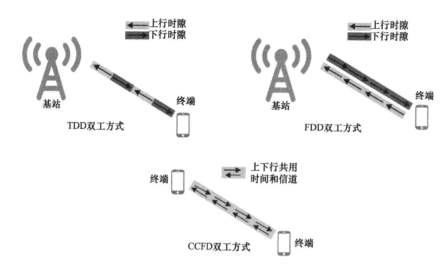

图 2-3 三种双工方式的示意图

移动通信
○ GSM：FDD
○ WCDMA：FDD
○ cdma2000 1X：FDD
○ TD-SCDMA：TDD
○ LTE：FDD（FDD-LTE），TDD（TDD-LTE）
○ 5G Range1：FDD，TDD
○ 5G Range2：TDD
○ 5G：CCFD（用于 D2D 通信）

其他无线通信
○ Wi-Fi：TDD
○ ZigBee：TDD
○ NB-IoT：FDD（下行链路），TDD（上行链路）
○ Bluetooth：TDD
○ LoRa：TDD，FDD

说明：LoRa 在不同频段时的双工方式不同，有 TDD 方式，也有 FDD 方式；对于终端来说，为了降低功耗，还受工作模式（Class A、Class B、Class C）限制，这些模式规定了发射和接收的规则。

2.5 调制（Modulation）方式

什么是调制方式

调制方式就是将信源信息（要传输的信息）加载到载波波形上，通过改变载波的某些特性来代表这些信息。通常，传统模拟信号有三种最基本的调制方式：改变幅度的叫调幅（AM），改变频率的叫调频（FM），改变相位的叫相位调制或调相（PM）。对应到数字信号的调制方式中，也有三种最基本的调制方式，分别为移幅键控（ASK）、移频键控（FSK）和移相键控（PSK）。比如，GSM 采用移频键控调制方式中的高斯最小频移键控（Gaussian Filtered Minimum Shift Keying，GMSK），Wi-Fi 和 3G 都采用移相键控调制方式中的正交相移键控（Quadrature Phase Shift Keying，QPSK）。更详细的讲解参见本书 3.2 节无线射频系统架构。

示例

可以把信源信息看成要运输的货物，把载波信号看成运货的车，调制的过程就是把货物装到车上，便于更加高效、准确地运输到目的地，如图 2-4 所示。

图 2-4　调制过程——将"货物"装到"车上"

调制的目的是什么

一是有效地利用频率。一般要传输的原始信息都属于低频信号；这些信号频率都拥挤在一定的频率范围内，如果不经调制直接发出去，就会导致信号相互干扰。这样就会造成低频信号范围内只能存在一定数量的无线传输，严重降低了频率资源的利用效率。把这些低频信号调制到高频载波上，就避免了在低频段的干扰和拥挤。

二是更适合信道传输。未经调制的信号一般是基带信号，并不适合无线通信的传输环境。由于无线传输环境恶劣（干扰）、复杂多变（衰落和多径传输），未经调制的基带信号不能适应这种环境，而调制后的信号能够适应这种环境下的传输。

三是承载更多的传输信息。现在的无线通信几乎都是数字通信，基带模拟信号通常要进行模拟到数字的转换，即 A/D 转换，而转换后的数字信号必须调制到模拟载波上才能高效传输。为了在同一载波上传输更多的信息，就需要更高级的调制技术，于是就发展出各种类型的调制方式。

调制方式有哪些

具体的调制原理讲解起来篇幅比较长，而且需要理论推导，本书以工程实战为原则，所以对调制原理不进行介绍，有兴趣的读者可以自己查找相关资料学习。下面罗列一些常见的无线通信系统的调制方式，以备在后续学习和工作中使用。

移动通信

○ GSM/GPRS：GMSK

○ EDGE：8PSK

○ WCDMA：QPSK，16QAM（HSPA），64QAM（HSPA+）

○ cdma2000：QPSK（1X 前向链路），BPSK（1X 反向链路）

○ EVDO RA：QPSK/8PSK/16QAM（前向链路），BPSK/QPSK/8PSK（反向链路）

○ TD-SCDMA：QPSK/8PSK，16QAM（HSPA），64QAM（HSPA+）

○ LTE：BPSK/QPSK/16QAM/64QAM

○ 5G：QPSK/16QAM/64QAM/256QAM（上行链路）/QPSK/16QAM/64QAM/256QAM（基于 OFDM 调制的下行链路）/π/2-BPSK/QPSK/16QAM/64QAM/256QAM（基于 DFT-S-OFDM 调制的下行链路）

其他无线通信

○ Wi-Fi：2GFSK/4GFSK/BPSK/DPSK/DQPSK/QPSK/16QAM/64QAM/256QAM

○ ZigBee：BPSK（868 MHz、915 MHz），OQPSK（2.4 GHz）

○ NB-IoT：BPSK/QPSK

○ Bluetooth：GFSK/π/4-DQPSK/8DPSK

○ GPS：BPSK

○ LoRa：业内称为 LoRa 调制，是基于 CSS（Chirp Spead Spectrum）的扩频调制

2.6　分集（Diversity）

什么是分集

发射端将同一消息的一个或多个信号发送出去，而在接收端将该消息的两个或多个受扰的不同信号（或称复制品），利用选择或合并电路恢复所发送的消息，以获得比任何单个信号所得到的消息质量更好的技术，称为分集。这里只介绍用在接收通路的分集（发射分集比较少见），所以又叫分集接收。分集接收是指分别接收多个相互独立的衰落信号（携带相同信息），进行一定算法的合并，从而实现更好的信号接收。广义上说，分集属于多输入多输出（Multi Input Multi Output，MIMO）的一种应用，从应用的角度考虑，这里分开来讲。

无线通信的环境复杂，距离较远，在传输路径上有各种障碍物（如山丘、高楼大厦等），到达无线终端设备的信号路径通常不是单一的，而是有多条路径，且每条路径上的衰落是相互独立的，通过把这些不同路径的信号合并接收，就能更好地抵抗衰落所造成的信号损失。比如，移动通信从 3G 时代开始，移动终端就支持分集接收，除了主路（Primary Path）接收外，再增加一路分集接收通路（Diversity 或 Secondary Path），这样能够显著改善信号衰落（如手机在快速移动中的性能）。分集接收示意图如图 2-5 所示。

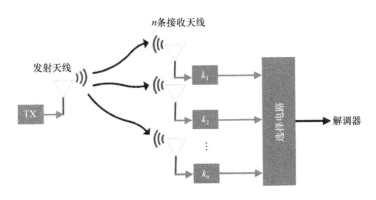

图 2-5　分集接收示意图

分集接收的目的

如前所述，分集接收是为了抵抗传输过程中的衰落，可以提高传输的效率，并不能直接提高传输速率。

有个特例，在 EVDO（cdma2000 的数据传输标准）终端中，支持分集接收会提高传输速率。其原因是：cdma2000 的语音和数据业务采用不同的载波，必须分开接收。语音和数据业务都需要占用主接收通路，降低了数据传输；而支持分集功能的终端，分集接收通路就可以用来做 cdma2000 语音业务的监听。这样，主接收通路就可以全部用来传输数据业务，从而提高了吞吐量。

2.7 多输入多输出（MIMO）

什么是 MIMO

MIMO（Multi Input Multi Output）即多输入多输出，通过采用空间复用技术，在几条链路（可以理解为几个天线）中传输不同的数据码流，成倍地提高数据吞吐量（速率）。

MIMO 技术示意图如图 2-6 所示。

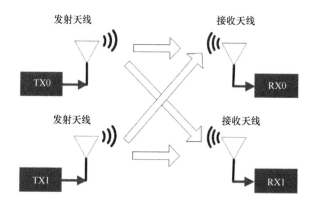

图 2-6　MIMO 技术示意图

MIMO 的目的

目前绝大多数 MIMO 应用的目的是提高无线通信的吞吐量（传输速率）。采用不同的链路（天线）分别发送不同的信息（分集所传输的是相同信息，因此无法提高吞吐量），可以成倍地提高速率。而 5G 技术采用 MIMO 不仅是为了提高吞吐量，更重要的是为了实现波束赋形（Beamforming），最终解决毫米波的传输。

MIMO 在 Wi-Fi 技术中应用最为广泛。Wi-Fi 协议从 802.11n 开始便定义了 MIMO，最多可以支持 4×4 MIMO（同时 4 路发射或接收）；而 802.11ac 可以支持 8 路 MIMO。所以，我们在购买路由器时可以看到路由器有多个天线。随着 MU-MIMO（Multi-User MIMO）和波束赋形技术的发展，Wi-Fi 产品的 MIMO 数量将越来越多。LTE 从 Release 10（Rel-10）版本开始，在支持下行链路的 MIMO 的基础上，开始支持上行链路的 MIMO。

在 5G 技术中，Massive MIMO（大规模 MIMO）技术是最为关键的技术之一。所谓 Massive MIMO，通常是指在无线通信的一侧（例如基站侧）采用了大量（100 个以上）可单独控制的天线单元的系统。5G 采用了 Massive MIMO 较好地解决了毫米波的传输，5G 基站最多支持 256 路 MIMO（256 个天线），5G 手机也将会支持更多的 MIMO（多个天线阵列）。

采用 Massive MIMO 的主要原因是为了克服毫米波特性所带来的一些问题：5G 要求速率和系统容量都高于 4G 的 1000 倍以上，为实现这些目标，必须开拓更高的频段，因此 5G 使用了毫米波频段。毫米波的波长很短，这决定了毫米波信号具有易衰减性和高指向性。易衰减性导致信号的强度和覆盖显著受到影响，由于法规限制，无线信号的功率不能随意增加，而毫米波的波长非常短，决定了天线体积很小，刚好可以采用多个天线组成天线阵列，通过 MIMO 的方式提高发射增益，有效解决信号衰减问题。毫米波高指向性导致信号传输时很难像前几代移动通信主要通过信号衍射来传播，而主要通过反射和散射来传播。毫米波波长很短，决定了波束非常窄，导致覆盖面积很小，借

助大规模天线发射多个波束，再配合波束赋形调节这些波束，可以有效改善覆盖问题。

实战小锦囊

　　首先说明，本书的实战不涉及芯片内的设计，而是以芯片应用设计为前提的整机产品的实战，以下各处的实战均是产品层面的，后续不再解释。本书的实战小锦囊具有较强的实战价值，在初学阶段可能领会不深，或者难以理解，如果各位读者今后从事该领域的工作，建议在工作中随时拿来翻阅学习，相信会带给你很大的收获！

　　• 提升通信速率的因素有调制技术（调制方式越高级，速率越高）、信道宽度（信道越宽，速率越高）、编码方式（编码方式越高级，速率越高）和 MIMO（MIMO 数量越多，速率越高）。提升无线通信速率的方式只有这些，各种技术标准的更新演进，落实到物理层上都是在这些因素上升级。

　　• 双工方式不同，对应的硬件电路设计就不同。例如，Wi-Fi 系统采用的是 TDD（时分双工）方式，所以在进行硬件设计时需要一个开关（Switch），其作用是在不同的时间分别打开发射通道和接收通道；而 3G 的 WCDMA、cdma2000 和 4G 的 FDD LTE 系统，采用的是 FDD（频分双工）方式，电路中需要一个双工器（Duplexer），其作用是把发射和接收通道从频率上区分开。

第 3 章
什么是射频和射频系统基本架构

 学习指引

本章共 2 节。

本书所讲的主要内容是射频研发技术，需要从理论和工程实战两个层面深刻理解什么是射频。本章结合 iPhone 手机和小米路由器对射频概念和射频电路进行介绍；同时，对"发射"和"接收"的概念以及射频系统的架构进行了介绍。

 学习重点

○ 理解什么是射频

○ 射频收发信机

○ 理解射频系统架构

○ 深度理解调制和解调

○ 理解变频的概念

大家对"无线通信"这个名词很熟悉，而对"射频技术"却比较陌生。可以说，射频工程师（RF Engineer）就是各种无线产品的幕后英雄；日常生活中使用的各种无线通信产品，以及与无线信号相关的硬件设计研发工作都是由射频工程师完成的。制定各种无线通信协议、技术标准，是各种组织和相关专家的工作；而真正把无线技术变成产品的，是射频工程师。无线通信硬件核心技术之一便是射频（Radio Frequency，RF）技术。由于其在行业和企业里通用的称谓是"射频"，所以接下来我们会沿用"射频"这个名词。

本书的目的就是教会大家射频技术，所以从本章开始将全面讲解射频相关的技术知识。本章主要讲解什么是射频，以及射频系统的架构，将从理论定义、工程实践、相关例子三个层面进行介绍。

3.1　什么是射频

理论定义

射频是一种高频电磁波，如同可见光、红外线一样，属于一定频率范围内的电磁波。无线通信电子设备以电磁波的形式通过天线以一定的频率发射到空中，或者从空中接收电磁波，达到传递信息和通信的目的。

图 3-1 形象地展示了生活中接触到的电磁波，以及对应的波长、不同频率范围内的特征。

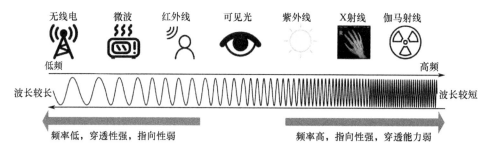

图 3-1　生活中的电磁波

如前所述，任何无线通信系统都被划分到专属的频段（Operating Band），这个频段就是占据一定频率范围的频谱。广义上来讲，国际上把频率范围在 3 kHz ～ 300 GHz 的频谱称为射频（Radio Frequency，RF）。实际上射频并不存在一个严格意义上的精确界限，通常在几十兆赫兹（MHz）和几吉赫兹（GHz）之间，再高的频率又被称为"微波"。随着无线通信技术的巨大发展，射频和微波的界限已经越来越不清晰了。比如，802.11ad 采用高达 60 GHz 的频段，而将要到来的 5G，已经把频率扩展到了 86 GHz，相信在 5G 时代"微波"的说法或许更加模糊。

传统的经典教材里罗列了各种频段，如低频、中频、高频、甚高频、超高频，以及 L、S、C、X、Ku、Ka、V 频段，这里不再具体列出了；因为对于消费电子产品来说，这些概念几乎没有任何意义。消费电子产品中无线通信的频段，通常由前面提到的联合国下属的 ITU 组织来划分；在我国，由工业和信息化部无线电管理局（SRRC）来划分。

工程实践

从信号的角度考虑，射频是一种高频模拟信号；从电路板的角度考虑，射频就是处理高频模拟信号发射和接收的相关电路；从天线的角度考虑，射频就是高频变化的电磁场。

从数字电路、低频模拟电路、射频电路的区别来讲，数字电路的目的是传输和处理信号的状态，也就是"0"和"1"代表的低电平状态和高电平状态。数字电路通常是高阻抗、低电流（μA 级）电路。数字电路的衡量指标是数字波形、重复频率、电平、上升和下降时间、稳定性等。数字电路的测量是在时域进行的，常用的测试仪器是示波器、逻辑分析仪，以及一些专业的数字信号分析仪。

低频模拟电路的目的是传输电压、电流和波形。低频模拟电路的衡量指标主要基于电压、电流、波形的测试，如电压峰值、有效值、平均值，电流峰

值、平均值，波形周期、频率、幅度等。低频模拟信号的测量也是在时域进行的，常用的测试仪器有示波器和万用表。

射频电路的主要目的是传输和处理信号的功率。从发射端来讲，发射设备的信号需要通过无线方式传输很远的距离，从而让远处的接收设备接收，因此必须保证足够大的功率才能传输足够远的距离。从接收端来讲，接收设备接收到的信号必须远远高于噪声信号才能正确地被解调出来，因此接收信号也需要相对较高的功率。射频电路的特点是低阻抗（大部分典型阻抗是 50 Ω）、高电流（mA 级）。电路的衡量指标是功率、频谱宽度、噪声、非线性等。射频电路的测量是在频域进行的，常用的测试仪器是频谱分析仪、网络分析仪和专用测试仪器。

示例

以 iPhone6 Plus 手机为例，整个手机的硬件被划分为射频（RF）电路和基带（Baseband）电路两部分（"基带"和"射频"是一对相对的称谓）。

射频电路：2G、3G、4G 的信号属于高频模拟信号，因此其收发信机电路、射频前端电路［功率放大器（PA）、射频开关（Switch）、声表面波滤波器（SAW Filter）、双工器（Duplexer）、功率耦合器（Coupler）］属于射频电路。Wi-Fi、蓝牙（Bluetooth）、GPS 导航信号等也是高频模拟信号，因此这些也是射频电路。

基带电路：CPU（各种数字和低频模拟）、MODEM（低频模拟和数字）、PMU（低频模拟）、DDR（数字）、EMMC（数字）、LCD（数字）、按键电路（数字）、各种传感器电路（低频模拟和数字）、摄像头电路（低频模拟和数字）、音频电路（低频模拟和数字），以及各种接口（数字和模拟）电路。

图 3-2 中标示的方框内均为射频电路，用以实现 2G、3G、4G、Wi-Fi、BT、GPS、NFC 信号发送或接收功能，它们都是处理"高频模拟信号"的电路。

以小米路由器 HD 版和 Pro 版为例，路由器整个硬件同样被分为两大部分：射频电路和基带电路。图 3-3 所示为小米路由器电路板图。

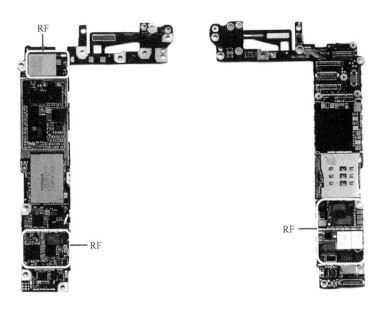

图 3-2　iPhone6 Plus 手机主板

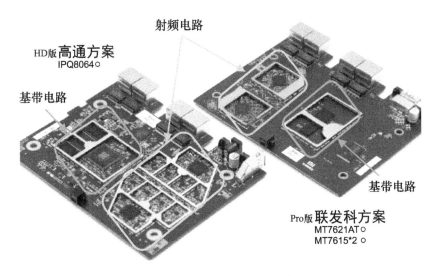

图 3-3　小米路由器电路板 [1]

---

[1]　图片来源：http://zhongce.sina.com.cn/article/view/2929。

射频电路：Wi-Fi 信号属于高频（2.4 GHz 或 5 GHz）模拟信号（各种调制后的信号），所以凡是和 Wi-Fi 信号直接相关的电路都属于射频（RF）范畴，比如路由器收发信机电路部分、射频前端电路[PA、Switch、射频滤波器（Filter）、双讯器（Diplexer）、低噪声放大器（LNA）]，以及用于辐射电磁波的天线（Antenna，一些电路图常用 ANT 代指天线）。

基带电路：路由器中低频模拟信号以及数字信号都属于基带电路，比如 CPU 电路（涉及各种数字电路和低频模拟电路）、DDR 电路（数字）、FLASH 电路（数字）、电源电路（模拟低频）、物理层接口芯片（PHY）等。

在图 3-3 中，分别画出了射频电路和基带电路所在的位置。

通过上面两个例子就可以理解，射频就是这些工作频率很高的模拟信号，射频工程师的职责就是通过对电路的设计、调试和测试，保证这些射频信号满足相关组织和国家的规范，实现信号的良好发射和接收，最终实现高质量的无线通信。

实战小锦囊

学习射频，从认识频率开始：忘记"时域"，专注"频域"，射频就是和频率打交道，所有信号的处理、测量都是建立在频率的基础上的，实际工作中大都以频域的"频率"为基础，尽量忘记时域的"周期"或"波长"（天线除外，上面列出波长的目的是为了兼顾天线知识）。

3.2 射频系统架构

无线系统标准种类繁多，如移动通信（2G/3G/4G/5G）、无线局域网（Wi-Fi 等）、物联网通信（ZigBee、LoRa 等）、近距离传输（蓝牙 /NFC）、导航通信（北斗 / GPS 等），但对于一个系统来说，无非就是"发射"和"接收"的组合，或者是单纯的"接收"，万变不离其宗。

一般情况下，一个完整的射频系统包括"发射"和"接收"两部分，这个系统称为收发信机，由发射机（Transmitter，TX）和接收机（Receiver，RX）构成。

发射机负责把信号发射出去，并且通常还要把信号放大到一定程度后发射出去；而接收机负责接收其他设备发射的信号。

接下来将为大家介绍射频系统架构。所谓射频系统架构，也就是射频系统发射和接收电路的结构框架。近年来，随着集成电路技术的高速发展，消费电子产品的射频收发信机的集成度已经非常高了，而射频系统架构也随之演变和简化，射频系统架构里很多单元电路都集成到集成电路（Integrated Circuit，IC）芯片里了，甚至很多芯片规格书（Datasheet）里都不再对架构进行描述，因而有些射频工程师可能对射频系统架构没什么概念了。

了解射频系统架构将有利于提升职业生涯的成长和发展。具体来讲，在遇到一些问题时，拥有系统架构的概念和知识，就具有系统的、高屋建瓴的思维，能够更加准确而深刻地分析问题。要想成为一名优秀的射频工程师，就非常有必要了解射频系统架构。

常见射频系统架构有两种：超外差架构、直接变频架构。一个典型的射频系统架构示意图如图 3-4 所示。

在图 3-4 中，右上方虚线框内属于发射机电路，右下方虚线框内属于接收机电路，左边虚线框内属于基带电路。随着无线通信的发展，现在进行通信的信息源早已不再是音频了，所以左边虚线框内的基带信号可以是文字、图片、视频等。

在图 3-4 中，音频信源信号通过麦克风采集，送到编解码器（CODEC）进行编码，然后输入到调制器进行调制；信号通过调制器后变成已调信号，再送到变频器进行上变频［所谓变频就是进行频率上的加减法，对于发射机就是加法，也就是把基带信号加上一个本振（LO）频率，比如 Wi-Fi 的 2.4 GHz］，这样信号就变成了频率很高的射频信号了；射频信号先通过增益可调的放大器进行初步放大，再送到功率放大器（Power Amplifier, PA）做最后的信号放大，这样就成了功率较高的强信号，经过天线开关（TDD 方式）或双工器（FDD 方式）后发送到天线，通过天线把射频信号转换成电磁波辐射到空中。这就是一个完整的发射过程。

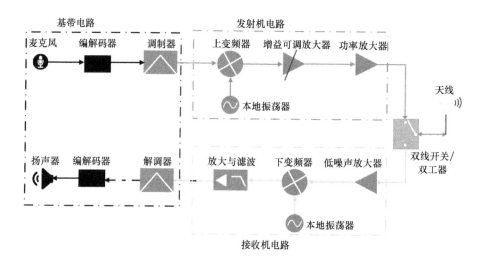

图 3-4 典型射频系统架构示意图

接收机可以理解为发射机的逆向过程。在图 3-4 中，天线接收到电磁波后，把电磁波转换成射频信号，经过天线开关或双工器后送到低噪声放大器；经过放大后的信号送到变频器进行下变频（下变频就是对信号进行频率上的减法，比如 Wi-Fi 2.4 GHz 信号，就是减去 2.4 GHz）；经过下变频后射频信号变成频率很低的信号，再经过低通滤波与放大，然后经过解调器解调；解调后的信号送到编解码器进行解码（经常还会有音频放大器进行放大），解码后的音频信号送给扬声器。这就是一个完整的接收过程。

收发信机的指标，是指收发信机的各种主要参数要求。按照开放系统互连（Open System Interconnection，OSI）参考模型，网络通信的工作分为 7 层（即物理层、数据链路层、网络层、传输层、会话层、表示层和应用层），每层都有相应的通信协议，但是硬件或射频工作大多集中在物理层、数据链路层，到网络层的就很少了。后面的章节中将介绍收发信机主要的参数和指标，射频工程师工作的目的就是设计并保证产品的参数和指标达到相关要求（产品所需的相应协议和规范）。部分参数在后面的章节中将进行讲解，而有些参数只能在实战工作中接触到了。

下面介绍图 3-4 中出现的调制、解调和变频三个概念及技术。

调制（Modulation）

调制的原理

调制是将基带信号加载到载波信号上，通过改变载波的某些特性来代表基带信息。调制可以分为传统的模拟信号调制和数字调制。比如，传统模拟信号调制：改变幅度的叫调幅（AM）；改变频率的叫调频（FM），对应到数字调制叫移频键控，如 GSM 用的 GMSK；改变相位的叫调相（PM），对应到数字调制叫移相键控，如 Wi-Fi 和 3G 都用到的 QPSK。

调制的目的

调制的目的在本书 2.5 节已介绍，此处不重复了。

图 3-5 是几种调制方式的波形图。可以看到，经过调制后，基带信息就加载到载波上了。

示例

正如第 2 章中的图 2-4 那样，可把调制过程形象地比喻为将货物装载到车上的过程。经过调制后，诸如 010011100 之类的数字基带信息就被装到了波形上。

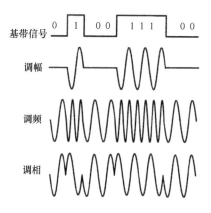

图 3-5　几种调制波形

对于涉及相位的已调信号，因为既有幅度又有相位，所以可用矢量（即星座图）来表示：把各信号表示在复平面上，可以非常直观地判断调制方式和调制质量。图 3-6 所示是几种调制方式的星座图。

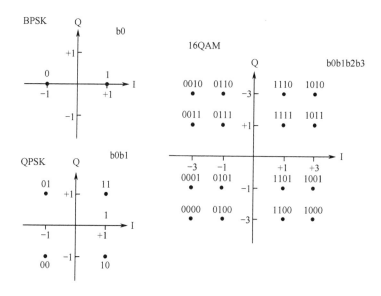

图 3-6　调制星座图

从星座图上可以很直观地看到：BPSK 每个点代表 1 bit 信息，QPSK 每个点代表 2 bit 信息，16QAM 每个点代表 4 bit 信息，每个点称为一个码元；越高级的调制方式，所携带的信息就越多，最终的通信速率也就越高。

以 Wi-Fi 5G 频段的 802.11ac 为例，不同速率下对应的调制方式见表 3-1。

表 3-1　802.11ac 的调制方式和速率 [①]

调制与编码策略索引号	调制方式	R	N_{BPSCS}	N_{SD}	N_{SP}	N_{CBPS}	N_{DBPS}	N_{ES}	速率 / Mbps	
									800 ns GI	400 ns GI
0	BPSK	1/2	1	234	8	468	234	1	58.5	65.0
1	QPSK	1/2	2	234	8	936	468	1	117.0	130.0
2	QPSK	3/4	2	234	8	936	702	1	175.5	195.0
3	16QAM	1/2	4	234	8	1872	936	1	234.0	260.0
4	16QAM	3/4	4	234	8	1872	1404	1	351.0	390.0
5	64QAM	2/3	6	234	8	2808	1872	1	468.0	520.0
6	64QAM	3/4	6	234	8	2808	2106	1	526.5	585.0
7	64QAM	5/6	6	234	8	2808	2340	2	585.0	650.0
8	256QAM	3/4	8	234	8	3744	2808	2	702.0	780.0
9	256QAM	5/6	8	234	8	3744	3120	2	780.0	866.7

说明：

R 是指编码速率（Coding rate）。

N_{BPSCS} 是指每个空间流的每个子载波的编码比特数（Number of coded bits per subcarrier per spatial stream）。

N_{SD} 是指每个频率划分的复合数据个数（Number of complex data numbers per frequency segment）。

N_{SP} 是指每个频率划分的导频数量（Number of pilot values per frequency segment）。

N_{CBPS} 是指每个符号的编码比特数（Number of coded bits per symbol）。

N_{CBPS} 是指每个用户的每个符号的数据比特数（Number of data bits per symbol for user）。

N_{ES} 是指每个用户的数据域的二进制卷积码编码器数量（Number of BCC encoders for the data field for user）。

GI 是指保护间隔（Guard Interval）。

从表 3-1 可以看到，从上到下调制方式越来越高级，相应右边的速率越来越高。调制方式越复杂，就相当于装货的车越复杂，可以装载的货物就越多，所以速率（运输量）也就越大。图 3-7 形象地表示了调制方式的演进。

————————————

① 　表格来源于IEEE802.11ac/D2.0文档。

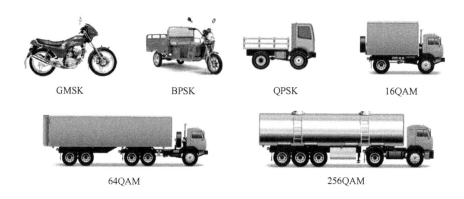

GMSK   BPSK   QPSK   16QAM

64QAM   256QAM

图 3-7　调制方式的演进

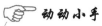 动动小手

网上查询 GSM 和 WCDMA 分别是用什么"车"来运输信息的（采用什么调制方式）？

解调（Demodulation）

解调有时又叫检波，是调制的相反过程，就是把信息从调制后的载波中还原出来，变成基带的信源信号。调制是往车上装货（要传输的信息），解调是从车上把货卸载下来。由于解调是调制的相反过程，各位读者可以把调制的原理反过来理解，这里就不详细介绍了。

变频（Frequency Conversion）

变频是指对输入信号进行频谱的线性搬移，即把输入信号的频谱从一个频率搬移到另外一个频率上。从数学上看，就是对输入信号频谱进行频率上的加减法。在通信电路中，变频又称为混频，变频器又叫混频器（Mixer）。

变频技术的核心是变频器。

变频的原理

变频就是频率变换，把信号从一个频率变到另一个频率上，即把调制信号的频率强制加到一个较高的频率上（上变频），或者把射频信号的频率强制"减"为一个较低的频率（下变频）。图 3-8 所示的变频器是一个三端口器件，三个端口分别是输入端口、本地振荡端口和输出端口。输入端口对应信号的频率为 f_{IN}，本地振荡端口信号的频率为 f_{LO}，输出端口信号表示为 f_{IF} 或 f_{RF}（f_{IF} 表示变换到中频频率，f_{RF} 表示变换到射频频率）。

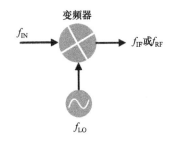

图 3-8　变频器

从数学上看，变频就是完成频率的加减法，$f_{IF}=f_{IN}\pm f_{LO}$。把调制信号的频率强制加到一个较高的频率（上变频），把调制信号强制"减"为一个较低的频率（下变频）。

中频（Intermediate Frequency，IF）：中频与 f_{IN} 和 f_{LO} 的关系有两种。

当取和频时，$f_{IF}=f_{IN}+f_{LO}$，$f_{IF}>f_{LO}$，称为"上变频输出高中频"。

当取差频时，$f_{IF}=f_{IN}-f_{LO}$，$f_{IF}<f_{LO}$，称为"下变频输出低中频"。

从频谱上看，变频就是对频谱进行搬移，即把频谱从 f_{IN} 搬移到（$f_{IN}\pm f_{LO}$）处，这就是变频的过程，如图 3-9 所示。

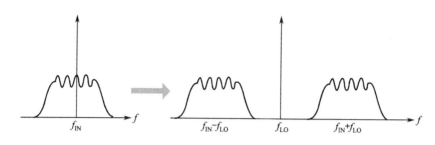

图 3-9　变频的过程

变频的目的

一是为了将信号有效地用电磁波辐射出去。电磁波有效辐射的条件是天线尺寸可以和波长相比拟；以对称振子天线为例，天线尺寸是半个波长左右。如人的声音的波长大概 300 km，如果不变频，做这么大的天线是不现实的。

二是为了有效利用频率资源。频率如同国土和海洋一样，是一种资源。为了合法合理地利用频率资源，各种无线通信设备都被规定在一定频段内进行通信，所以必须经过变频把频率转换到规定的频段内。国际相关组织以及各个国家或地区对各个频率范围的频率做了规范，比如，2.4 GHz 附近的频率被规定为 ISM 频段（Industrial Scientific Medical Band）资源，蓝牙、Wi-Fi、ZigBee 被允许工作在该频段。

三是为了抗干扰，同调制一样，变频可以有效抵抗电磁环境的影响。

示例

如果把已调信号比喻成一辆装载货物的货车，那么变频就可以理解为变换公路，如图 3-10 所示。变频就是按照交通规则把"货车"行驶在指定的"公路"上。

图 3-10　变频过程——让"货车"在指定的"公路"上行驶

实战小锦囊

　　学习和从事无线射频技术工作，一定要建立"发射"和"接收"的概念（就像武功里既有进攻又有防守一样），并做好明确的区分，尤其是当"接收"的信号非常弱时。所以，对于很多系统的设计，需要做好"接收"电路和"发射"电路的隔离保护（就像防守时通常比较弱，需要保护一样）。这一点不仅对于 FDD 系统需要慎重对待，而且在工程实践中，即使对于 TDD 系统，如果不重视，也将会付出代价。

　　充分理解和重视调制方式。调制虽然是非常基础的技术，却是决定无线系统特性的关键技术之一。在今后的学习和工作中，将会发现：不同系统的通信速率差别很大，不同系统的测试指标也存在差异；即使同一个指标，不同的标准也存在差异；有些系统考虑功率回退，有些系统不考虑。种种差异其实都是由调制方式的不同决定的。

第 4 章
射频发射机系统架构

学习指引

本章共 4 节。

前两节详细地讲解两种射频发射机系统架构及优缺点，重点介绍信号的发射流程。后两节结合一系列测试案例，全面介绍用于衡量发射机性能的各种指标和常用单位。

学习重点

○ 理解两种发射机系统架构

○ 掌握发射机的各种测试指标

○ 理解射频常用单位

本章为大家介绍射频发射机。

发射机（Transmitter，TX）的主要功能是调制、上变频、功率放大。目的是把基带信号进行调制并变频到规定的频段，并且使其有足够的功率发射出去。

如果把要传输的信息比作货物的话，发射机就类比为发货的过程。发射机主要功能是完成装货（调制）、变换到指定公路（变频）、使其具有足够的动力运输到目的地（功率放大）。

射频电路中常见的发射套路（系统架构）有两种：两次变频发射机和直接变频发射机。它们是射频发射机的典型架构，掌握了这两种架构就掌握了射频电路中的发射架构。现在绝大多数无线产品的发射机都采用了简单直接的直接变频发射机架构。

4.1　两次变频发射机

两次变频发射机原理

先把基带信号在一个较低的中频（IF）频率上完成调制和变频，然后再变频一次，把已调信号上变频到射频（RF）信号。经过两次变频后才可以发射出去，所以称为两次变频发射机，其系统架构如图 4-1 所示。

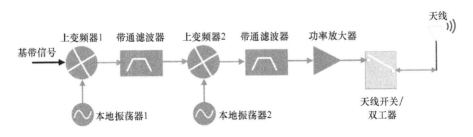

图 4-1　两次变频发射机系统架构图

从上面的系统架构图 4-1 可以看到，该架构存在两个变频器，基带信号经过上变频器 1 后变成中频（IF）信号，这时的信号还不能发射出去，必须再经过上变频器 2 再转换一次，变成射频（RF）信号，此时的信号才能被发射出去。具体的详细处理过程不再赘述，可以参考前面射频系统架构的讲解。

两次变频发射机的频谱搬移图如图 4-2 所示。

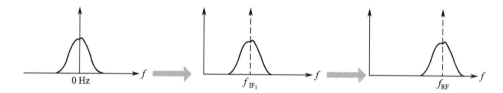

图 4-2　两次变频发射机的频谱搬移图

两次变频发射机的优点

○ 没有本振泄漏，较为稳定，这个优点刚好是下一节要介绍的直接变频结构的缺点。

○ 技术难度相对较低，因为有中频存在，信号的滤波等处理都是在较低的中频上进行（频率越低，技术难度相对越低）。

两次变频发射机的缺点

○ 由于有中频，存在镜像干扰。

关于镜像频率，假设输入是一个余弦信号，并将中频分量表示为

$$A\cos\omega_{\text{IF}}t = A\cos(\omega_{\text{IN}} - \omega_{\text{LO}})t = A\cos(\omega_{\text{LO}} - \omega_{\text{IN}})t \tag{4-1}$$

可以看出，无论 $\omega_{\text{IN}} - \omega_{\text{LO}}$ 是正数还是负数，均产生相同的中频。因此，不管 ω_{IN} 是高于还是低于 ω_{LO}，都能被转换成相同的中频。这意味着对于给定的一个本地振荡频率，将存在两个输入频率 ω_{IN} 和 ω_{IM} 可以通过变频后落在中

频频率上，并且 ω_{IM} 和 ω_{IN} 相对本地振荡在频率上对称分布，像镜子里的对称，如图 4-3 所示。因此，ω_{IM} 被称为镜像频率，且有

$$\omega_{\text{IM}} = \omega_{\text{IN}} + 2\omega_{\text{IF}} = 2\omega_{\text{LO}} - \omega_{\text{IN}} \tag{4-2}$$

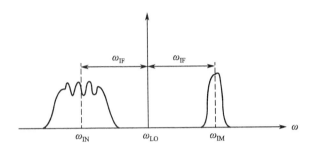

图 4-3　镜像频率图

该镜像频率经过混频后叠加在中频上，如果镜像频率上存在其他信号，就会造成干扰，需要镜像滤波器滤除。

○ 由于存在中频，需要中频带通滤波器。这些滤波器都有非常高的 Q 值（滤波器品质因数），在芯片内难以实现，因此不利于芯片集成，成本也高。

其缺点刚好是下一节要介绍的直接变频的优点，这也是两次变频逐渐被淘汰的原因，目前大多数发射机架构都采用了直接变频发射架构，但两次变频架构发射机在一些领域还是存在的。

美国网件公司（NETGEAR）的 WNDR4300 路由器，采用高通创锐讯公司（Qualcomm Atheros）的 Wi-Fi 射频收发芯片 AR9344 芯片，AR9344 芯片发射机系统框图如图 4-4 所示，该芯片可以支持 2.4 GHz 或 5 GHz 附近频段，对于 Wi-Fi 5 GHz 附近频段，该芯片采用了两次变频发射机架构。

通过图 4-4 可以看到，来自基带外的量化噪声，先送到 IF 混频器完成调制并进行第一次上变频，通过上变频得到 IF 信号，然后再送给 RF 混频器，

再上变频到 RF，才完成基带到 RF 的转换，RF 信号再传输到芯片内驱动放大器进行预放大，最后传输到芯片外部，这时的信号才能被发射出去。由于经过两次变频，所以这是典型的两次变频发射机架构。

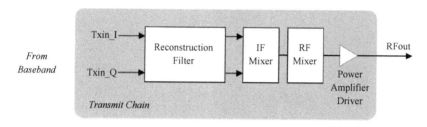

图 4-4　AR9344 芯片发射机系统框图 [①]

NETGEAR 路由器剖析

接下来将为大家简单剖析 NETGEAR WNDR4300 路由器的整个射频发射机电路。整个射频发射电路对于初学者来说，可能有一定的难度，这里不妨作为兴趣先学习，重点了解整个信号的处理过程。需要说明的是，此路由器中 AR9344 并没有用于 5 GHz 附近频段，而是用在了 2.4 GHz 附近频段。

该路由器为双频路由器（2.4 GHz 和 5 GHz 两个附近频段），2.4 GHz 附近频段有两路（2×2 MIMO），5 GHz 附近频段有三路（3×3 MIMO）。该路由器的发射机框图如图 4-5 所示。

下面分别简单介绍该路由器两个频段的发射机信号处理过程：

2.4 GHz 附近频段：共有两路信号发射，每一路的发射完全相同。该频段采用了美国 Qualcomm Atheros 公司的 AR9344 作为射频收发芯片，经过 AR9344 调制和变频后的 Wi-Fi 信号通过芯片的双端口（差分输出）输出到芯片外，再经过一个由电容电感构成的巴伦电路（双端口转换成单端口），即图 4-5 中的 BALUN，转为单端输出，然后传输给功率放大器（PA，参见本书 6.2

---

① 　图片来源于AR9344芯片规格书。

节）进行信号放大，放大后的信号经过一个单刀双掷开关（SPDT）进行开关
选择后传输到天线（ANT），经过天线转换成电磁波发射到空中。以上是路由
2.4 GHz 附近频段 Wi-Fi 信号的发射过程。

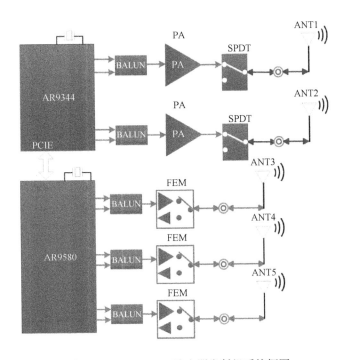

图 4-5　WNDR4300 路由器发射机系统框图

5 GHz 附近频段：共有三路信号发射，每一路发射过程完全相同。该频段
采用 Qualcomm Atheros 公司的 AR9580 作为射频收发芯片，经过 AR9580 调
制和变频后的 Wi-Fi 信号通过芯片的双端口（差分输出）输出到芯片外，再经
过一个由电容电感构成的巴伦电路后转为单端输出，然后传输给射频前端模块
（Front End Module，FEM，包括功率放大器、LNA、射频开关，具体讲解见第
6 章）进行信号放大和开关选择，然后传输到天线进行发射。这是该路由器 5
GHz 附近频段 Wi-Fi 信号的发射过程。

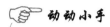
☞ **动动小手**

　　找一个日常生活中废旧的无线电子产品（手机、路由器、随身 Wi-Fi、智能插座、蓝牙音箱等），拆开看一下电路板，试着辨认出射频电路部分。

4.2　直接变频发射机

直接变频发射机原理

　　直接变频发射机只进行一次变频，基带信号就变换成了射频信号，然后就可以发射出去了，因此，这种发射机架构简单直接。

　　由于直接变频独特的优点，现在很多无线射频收发信机都采用直接变频结构了，比如手机射频收发信机、Wi-Fi 产品射频收发信机等。典型的直接变频发射机系统架构如图 4-6 所示。

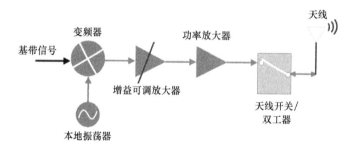

图 4-6　直接变频发射机系统架构图

　　从图 4-6 可以看到，基带信号只经过一次变频就变到了射频频率上，非常简单直接，具体的详细处理过程不再赘述。

　　直接变频发射机的频谱搬移图如图 4-7 所示。

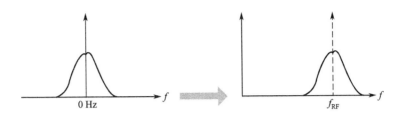

图 4-7　直接变频发射机频谱搬移图

直接变频发射机的优点

○ 直接变频发射机最大的优点是变频过程中无中频产生。这样就不存在镜像频率干扰，也就不需要镜像滤波器，没有中频也就不需要中频滤波器。通常镜像滤波器和中频滤波器需要非常高的 Q 值，在芯片内很难集成实现，一般都是在芯片外单独实现的，这样就增大了电路尺寸和成本。也就是说，直接变频避免了这些难题，便于芯片集成和降低成本。

○ 直接变频发射机还具有结构简单、集成度高、功耗低的优点。

直接变频发射机的缺点

○ 载波泄漏问题。一般情况下，直接变频发射机架构通过将基带信号分为正交的两路信号（同相的 I 路和正交的 Q 路）来实现，如图 4-8 所示。产生正交的模拟基带电路存在直流失调，两个混频器输入端口也存在直流失调，因此上变频器的输出中包含未调制载波的一部分，这称为"载波泄漏"。载波泄漏会导致两个负面影响：首先，会让信号星座图失真，增大输出端的矢量幅度误差；其次，导致信号星座图在垂直和水平方向上的移动。

○ I、Q 不匹配（不平衡）问题。因为基带信号分为正交的两路信号（同相的 I 路和正交的 Q 路），如图 4-8 所示，这样就存在 90° 移相电路的误差和正交混频器之间的不匹配，任何一种情况都会导致基带 I、Q 输出的幅度不匹配和相位不匹配。结果导致正交基带输出信号串扰，如果在星座图上观察，就会出现基带码元在幅度上缩放、相位上移，或者星座图被压缩。因此，必须对 I、Q 不匹配进行校准和修正。

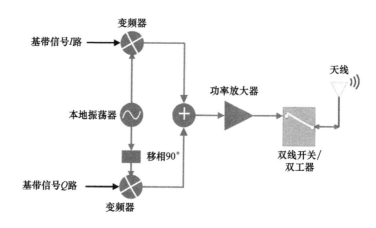

图 4-8   直接变频发射机实际架构图

苹果的 iPhone6 Plus 手机采用的就是直接变频发射机架构。图 4-9 是 iPhone6 Plus 采用的美国 Qualcomm 公司的射频收发芯片 WTR1625L 内部框图，为直接变频发射机架构。

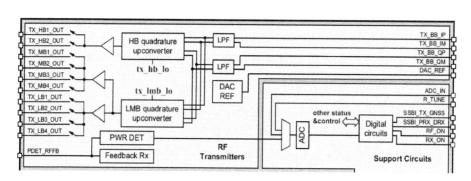

图 4-9   WRT1625L 内部框图 [①]

从框图可以看到，右边的 TX IQ 信号（TX_BB_IP、TX_BB_QP 等）经过

———————————

① 图片来源于 WTR1625L 芯片规格书。

低通滤波器（LPF）滤波后送给两个正交上变频器（HB quadrature 负责高频段，LMB quadrature 负责中、低频段）直接一步变频到 RF 信号，再经过内部驱动功率放大器（Power Amplifier，PA）进行初步放大后送到左边高、中、低 10 个频段的发射端口。整个过程只有一次变频，所以非常简单直接。

iPhone6 Plus 大剖析

接下来将为大家剖析 iPhone6 Plus 手机的整个射频发射机电路。整个射频发射电路对于初学者来说，可能有一定的难度，这里可作为兴趣学习。

为了便于理解，把 iPhone6 Plus 的发射机分成两部分：GSM 部分和 LTE 部分。实际上，LTE 部分还包括 3G 部分：WCDMA、CDMA、TD-SCDMA，因为 LTE 可以向下兼容，这里不再单独分开讲解了。

iPhone6 Plus 手机移动信号发射机的系统框图如图 4-10 所示。

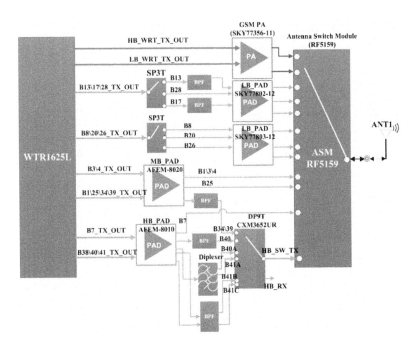

图 4-10　iPhone6 Plus 移动信号发射机系统框图

GSM 部分

GSM，也就是传统的 2G 通信，共四个频段。低频段（Low Band），图 4-10 中用 LB_WRT_TX_OUT 表示。高频段（High Band），图 4-10 中用 HB_ WRT_TX_OUT 表示。低频段有两个，即 GSM850 和 GSM900；高频段有两个，即 DCS1800 和 PCS1900。高低两个频段的发射过程如下。

低频段：收发芯片为美国高通公司的 WTR1625L，来自基带的信号经过 WTR1625L 调制、变频、滤波、预放大后传输到 WTR1625 的 LB 端口，从端口出来的 GSM 低频段信号传输到 GSM 功率放大器［美国思佳讯（Skyworks）公司的 SKY77356-11］模块的低频端口，经过功率放大器放大后传输到天线开关模块（ASM，原美国 RFMD 公司的 RF5159），经过开关选择后被传输到天线，天线把射频信号转换为电磁波辐射到空中，从而完成整个 GSM 低频信号的发射过程。

高频段：过程和低频段一样，只不过信号源自于 WTR1625L 的 HB 端口，传输到功率放大器进行放大，最后被传输到天线开关，最终经过天线转换成电磁波辐射到空中。

LTE 部分

iPhone6 Plus 支持多达 16 个 LTE 频段，16 个频段分为 6 组，从 WTR1625L 的端口输出。每一路的发射过程如下：

Band13（图 4-10 中便于标注，简称 B13，后续相关事项不再说明）、Band17、Band28：这三个 LTE 频段共用一个端口从 WTR1625L 芯片中出来，由于是共用，出来后先经过一个单刀三掷开关（Single Pole 3 Throw，SP3T），通过开关把三个频段的信号分开，分开的信号分三路传输到低频段 PAD 模块（PA+Duplexer，也就是功率放大器和双工器合在一起的模块，Duplexer 见本书 6.7 节的讲解），其中 Band13 和 Band17 两个频段分别经过带通滤波器（Band

Pass Filter，BPF，见本书 6.8 节的讲解）进行滤波，经过放大的信号被传输到天线开关 RF5159 芯片的相应端口，天线开关选择后传输到天线，转换成电磁波辐射到空中，这就是 LTE 信号的发射全过程。

Band8、Band20、Band26：这三个频段的发射过程和前面三个频段类似，不同之处在于没有 BPF。

Band3、Band4：从 WTR1625L 端口出来的 LTE 信号传输到 PAD 模块（原美国 Avago 公司的 AFEM-8020 模块）进行功率放大，放大后的信号直接传输到 ASM 模块的相关端口，经过天线开关选择后传输到天线上，经由天线转换为电磁波后辐射到空中。

Band1、Band25、Band34、Band39：Band25 频段的发射过程和上面两个频段一样，而 Band34 和 Band39 经过 PAD 进行放大后，传输到一个带通滤波器 [日本村田公司（Murata）的 SAW Filter]，滤波后被传输到射频开关（日本 Sony 公司的 DP9T）进行频段选择，然后传输到总的射频开关 ASM 模块，最后由天线转换成电磁波辐射到空中。

Band7：从 WTR1625L 端口出来后传输到 PAD 模块（原 Avago 公司的 AFEM-8010）进行功率放大，放大后的信号直接传输到 ASM 模块进行开关选择，最后由天线转换成电磁波辐射到空中。

Band38、Band40、Band41：Band40 经过 PAD 放大后传输到 Murata LC 滤波器 BPF，经过滤波后传输到射频开关 DP9T，再传输到总的射频开关 ASM 模块，最后经过天线辐射到空中；Band40A、Band41A 的信号经过 PAD 放大后传输到一个双讯器（Diplexer，见本书 6.10 节的讲解），信号被分成两个频段后分别发送给 DP9T 开关，经过开关选择后再发送给总的射频开关 ASM，最后由天线转换成电磁波辐射到空中；Band41B、Band41C 两个子频段的信号经过 PAD 放大后再传输到一个二合一的带通滤波器，滤波后分别发送给 DP9T 开关，经过开关选择后发送给总的射频开关 ASM 模块，最后由天线转

换成电磁波辐射到空中。

以上就是 iPhone6 Plus 手机移动信号发射机的全频段分析，由于 Wi-Fi 和 Bluetooth 技术相较移动信号电路简单很多，在此处就不进行介绍分析了。

4.3　发射机的性能指标

发射机发射质量的好坏必须要有一些指标来衡量和保证，这些指标就是发射机的性能参数。本节以各种无线系统发射机常用的核心指标为例，重点介绍一些常用指标。这些指标大致可以归结为三类：

○ 功率指标，如输出功率、功率控制，都属于功率指标范畴。

○ 频率指标，如工作频段、频率误差。

○ 非线性产物指标，如频谱模板、杂散、调制质量等。非线性产物指标用来衡量信号的轮廓等是否发生畸变，也就是信号是否标准。

下面对各个指标进行详细介绍，对于初学者来说，可能有一定难度，请优先理解最基本的通用概念或定义，各指标的举例可作为兴趣来了解，后续学习各章节或工程实战时再回头查阅和理解。

输出功率（P_{out}）

射频发射电路最主要的目的便是传递功率，就是以一定的功率强度对信号进行传输。输出功率通常有峰值功率（Peak Power）和平均功率（Average Power）。

峰值功率：很多信号在时域观察时都不是恒定包络（如幅度），因此一段时间内的功率也不是恒定的，峰值功率就是这些以一定概率出现的瞬间功率的最大值，是瞬时功率。

平均功率：是指某个时间段内的功率平均值，也是稳态功率。

射频发射机通常需要关注最大平均功率，简称"最大功率"。

理论定义

最大功率是在指定频段的指定带宽内的总功率的最大值。

实战定义

最大功率是指在天线口测试的系统规定的最大发射功率。

测量目的：确保最大发射功率符合规范要求，过大的功率可能干扰其他信道（其他用户）、降低系统容量（降低用户数量），甚至干扰其他通信系统。

示例

图 4-11 是用 LITEPOINT 公司的 IQxel 仪器对无线路由器 802.11n HT40 进行功率测试，图中测得的功率（Power）为 11.84 dBm。

Name	Value	Avg	Max	Min	SDev
Packet Type	802.11n	--	--	--	
Packet Format	HT-Mixed	--	--	--	
Power	11.84	11.84	11.84	11.84	0.00
Peak Power	21.51	21.51	21.51	21.51	0.00
EVM Pilot	-35.83	-35.83	-35.83	-35.83	0.00
EVM Data	-36.09	-36.09	-36.09	-36.09	0.00
EVM	-36.08	-36.08	-36.08	-36.08	0.00
EVM (%)	1.57	1.57	1.57	1.57	100.00
Phase Error	0.36	0.36	0.36	0.36	0.00
Frequency Error	-26.378	-26.378	-26.378	-26.378	0.000
Symbol Clock Error	-5.22	-5.22	-5.22	-5.22	0.00
LO Leakage	-42.68	-42.68	-42.68	-42.68	0.00
Amplitude Imbalance	-0.03	-0.03	-0.03	-0.03	0.00
Phase Imbalance	-0.09	-0.09	-0.09	-0.09	0.00

Packet 1　　　　　　TxQuality 802.11a/g/p/n/ac
Export PSDU

图 4-11　路由器 802.11n HT40 功率测试图

图 4-12 是用 R&S 公司的 CMW500 综合测试仪测试 LTE 的最大功率，图中测得的发射功率（TX Power）为 21.62 dBm。

图 4-12　LTE 最大功率测试图

除基本的最大输出功率外，还有一些其他功率指标的要求，比如 LTE 和 NB-IoT 系统要求的功率指标有配置功率（Configured Power）PCMAX、功率回退后的最大功率 MPR、最小输出功率 P_{min}、关断功率等，这里不再解释。

功率控制（Power Control）

许多系统都要对功率进行调整，有的在建立通信连接时，如 WCDMA 的开环功率控制（Opening Loop Power Control，OLPC）；有的在连接过程中，如 WCDMA 的内环功率控制（Inner Loop Power Control，ILPC）；Wi-Fi 根据信号强度对速率的调整也属于功率控制。所有这些对功率的调整都是功率控制。

开环功率控制

理论定义

开环功率控制是指用户设备（比如手机）发射机根据基站的广播控制信

道（BCCH）和下行链路收到的公共导频信道（CPICH）的信息，使用物理随机接入信道（PRACH）调整上行链路发送功率的能力。

实战定义

开环功率控制是指在手机建立连接前，根据基站的指示和环境监测，手机发出试探功率的调整能力。

测量目的：为了控制用户设备在保证能够和基站通信的前提下，发射最小的试探功率，过大的试探功率将会降低系统的容量（降低用户数量）。

示例

图 4-13 是用是德科技（原"安捷伦科技"）公司的 8960 仪器测试的 WCDMA 的开环功率控制图。

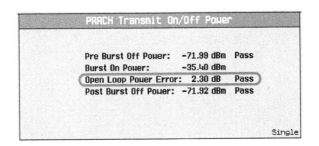

图 4-13 WCDMA 开环功率控制图

开环功率控制对应到 LTE 和 NB-IoT 系统，就是"绝对功率控制容限"，图 4-14 是用 R&S 公司的 CMW500 仪器测试的 FDD LTE 绝对功率控制容限图。

内环功率控制

理论定义

内环功率控制是指用户设备在通信过程中，根据下行链路收到的发射功

率控制（Transmit Power Control，TPC）命令去调整发射功率的能力。

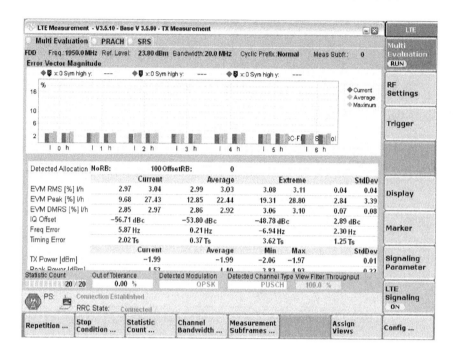

图 4-14　FDD LTE 绝对功率控制容限图

实战定义

内环功率控制是指手机在通信过程中，根据基站的指示动态调整发射功率的能力。

测量目的：验证用户设备的内环功率控制能力，不合格的内环功率控制将降低系统的容量（降低用户数量）。

示例

图 4-15 是用是德科技公司的 8960 仪器测试的 WCDMA 的内环功率控制图。

内环功率控制对应到 LTE 和 NB-IoT 系统，就是"相对功率控制容限"，图 4-16 是用 R&S 公司的 CMW500 仪器测试的 TDD LTE 相对功率控制容限图。

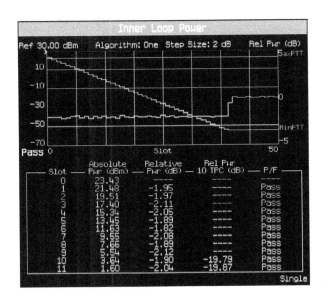

图 4-15 WCDMA 内环功率控制图

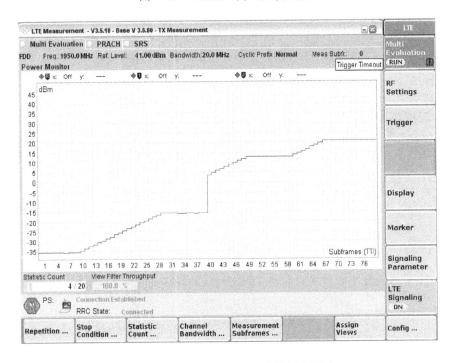

图 4-16 TDD LTE 相对功率控制容限图

Wi-Fi 在 IEEE 802.11 标准规范的物理层及 PMD 子层中没有定义功率控制的指标，不过实际上 Wi-Fi 也有两种功率控制。

一种是每一帧数据发送时可能出现的功率控制，其具体的表现形式是以调整"速率"来实现的。其目的是，根据接收端解调的质量，从而判断发射端的功率是否需要调整。调整的方式是，通过 PPDU 帧里的 PMD_RATE.request 指令指定发送速率，从而由速率决定发射功率（不同速率对应不同的功率）。

另一种是对于工作在 5G 频段的 802.11a/n/ac，为了防止对军方雷达的干扰，对于工作在 5.25 ～ 5.30 GHz 和 5.470 ～ 5.725 GHz 频段的设备，需要支持 DFS 和 TPC，从而跳频或进行功率控制。其中，TPC 就属于功率控制。

频率指标

频率指标包括工作频段（Operating Band）、信道带宽（Channel Bandwidth）和频率误差（Frequency Error）。其中，信道带宽的相关介绍可参见本书2.2 节。

工作频段

任何一个无线通信系统都有规定的工作频率，这个工作频率的区间就是工作频段或频率范围（Band）。各个信道（Channel）也有自己的信道频率范围。

示例

iPhone6 Plus 手机收发芯片 WTR1625L 中 GSM TX 的工作频率见表 4-1[①]。

---

① 表格来源于WTR1625L芯片规格书。

表 4-1　iPhone6 Plus 收发芯片 WTR1625L 中 GSM TX 的工作频率

输出频率参数	注　释	最小值 / MHz	最大值 / MHz
GSM-850	Cell	824	849
GSM-900	EGSM	880	915
GSM-1800	DCS	1710	1785
GSM-1900	PCS	1850	1910

动动小手

网上查询 WCDMA Band 1（也就是中国联通使用的频段）的频率范围是多少？

频率误差

理论定义

频率误差是指已调载波的频率和理想载波频率的差值。

实战定义

频率误差是衡量发射机载波频率精确度的指标。

测量目的：验证发射载波频率的频率误差是否符合要求，较大的频率误差会增加上行链路（发射）的发送错误。

示例

图 4-17 是用是德科技公司的 8960 仪器测试的 WCDMA 的频率误差测试图。

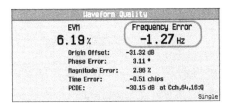

图 4-17　WCDMA 频率误差测试图

非线性产物指标

非线性产物指标包括频谱模板、杂散、调制质量等。

非线性是有源器件（需要外部供电的器件）的重要特性。如本书第 6 章中要讲的功率放大器，其特性曲线并不是纯线性的，我们更多的时候是在某一段近似线性的范围内使用，超过这一范围就会产生很多非线性产物。下面从理论和频率两个角度解释什么是非线性。

首先假设一个非线性系统，如图 4-18 所示。

图 4-18　非线性系统框图

从理论的角度分析：假设系统的输入信号为 $x(t)$，输出信号为 $y(t)$，输出和输入之间的关系可以近似描述为式（4-3），那么该系统就称为"非线性系统"。

$$y(t) = a_0 + a_1 x(t) + a_2 x^2(t) + a_3 x^3(t) + \cdots \tag{4-3}$$

频率角度分析：如果输入输出的系统频率图类似图 4-19，工程师们通常就把该系统称为"非线性系统"。

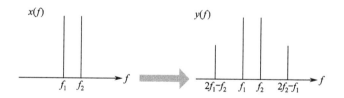

图 4-19　非线性系统频率图

从以上两个角度可以看出，当一个信号输入到非线性电路时，其输出就不再是一个单独的信号，不仅包含基波分量，还有诸如二次谐波、三次谐波、四次谐波等各次谐波分量。

由非线性引起的几个产物或现象需要我们特别关注，主要有谐波、杂散、增益压缩、阻塞、交叉调制（简称"交调"）、互调干扰（简称"互调"）等。其中，增益压缩将在 6.2 节功率放大器中介绍，阻塞将在第 5 章射频接收机系统架构中介绍。接下来，将简单介绍谐波、互调、交调。

谐波

假如非线性系统输入信号为余弦信号，即

$$x(t) = A\cos(\omega t) \tag{4-4}$$

则

$$y(t) = a_0 + a_1 A\cos(\omega t) + a_2 A^2 \cos^2(\omega t) + a_3 A^3 \cos^3(\omega t) + \cdots$$

$$= a_0 + \frac{a_2 A^2}{2} + (a_1 A + \frac{3a_3 A^3}{4})\cos(\omega t) + \frac{a_2 A^2}{2}\cos(2\omega t) + \frac{3a_3 A^3}{4}\cos(3\omega t) + \cdots \tag{4-5}$$

公式（4-5）中 ω 为基波，2ω 和 3ω 为二次谐波和三次谐波，以及后面省略的 N 次谐波 $N\omega$。对于单个信号输入时，谐波的频率通常比较高，可以很好地被滤除。但是，对于多个输入的电路来说（如混频器、多个频段或系统的电路），谐波项很可能影响电路的正常工作，不可忽略。

互调

当一个弱信号和强干扰同时通过一个非线性系统时，会发生干扰对信号的调制现象，这种现象称为"互调"。

交调

如果一个弱信号伴随着两个较大的干扰信号，如频率分别为 ω_1 和 ω_2 的干扰信号，这两个干扰输入非线性电路后，通常会输出不是这些频率整数倍的谐波成分，这种现象称为"交调"。假设干扰信号 $x(t) = A_1\cos\omega_1 t + A_2\cos\omega_2 t$，代

入公式（4-3）可得到交调项，即

$$2\omega_1 \pm \omega_2: \quad \frac{3a_3A_1^2A_2}{4}\cos(2\omega_1+\omega_2)+\frac{3a_3A_1^2A_2}{4}\cos(2\omega_1-\omega_2) \tag{4-6}$$

$$2\omega_2 \pm \omega_1: \quad \frac{3a_3A_2^2A_1}{4}\cos(2\omega_2+\omega_1)+\frac{3a_3A_2^2A_1}{4}\cos(2\omega_2-\omega_1) \tag{4-7}$$

公式中，$2\omega_1-\omega_2$ 和 $2\omega_2-\omega_1$ 这两项被称为"三阶交调"，这个需要我们特别关心。因为三阶交调的频率很容易落在有用信号附近，对系统造成干扰。用来描述三阶交调的通用方法是采用"双音"测试，即输入端加入两个相同幅度值的纯正弦信号，输出交调结果的幅度值可以归一化为基波的幅度值。如果每个正弦波的幅度值增大，则输出端交调的幅度值会增加得更明显，如果继续增大，交调结果的幅度值会等于输出端测试信号的幅度值，如图4-20所示。相交处的输入电平称为"输入三阶截取点"（IIP$_3$），输出电平称为"输出三阶截取点"（OIP$_3$）。

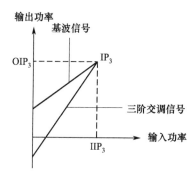

图 4-20　三阶交调截取点示意图

频谱模板

承载调制信息的射频载波都有特定的频率响应，这个响应就是频谱图，也称为频谱模板。实际上，频谱模板主要为了测试发射机信道外的包络，也就是杂散（有害信号）。

理论定义

频谱模板是指距离载波中心频率一定距离的带外（信道外）杂散频谱能量。

实战定义

频谱模板是指信道外有害功率的频谱图。

测量目的：确保发射杂散频谱符合要求，若发射杂散的频谱超出规范要求，会对其他信道或通信系统造成干扰。

示例

图 4-21 是用 R&S 的仪器测试的 LTE 信号的频谱模板测试图。

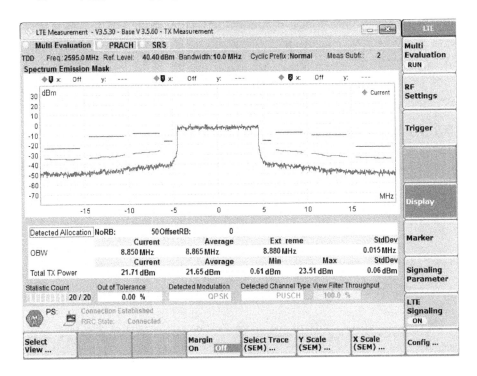

图 4-21　LTE 信号的频谱模板测试图

图 4-22 是用莱特波特（LitePoint）公司的 IQxel 测试 Wi-Fi 802.11n HT20 的频谱模板测试图。

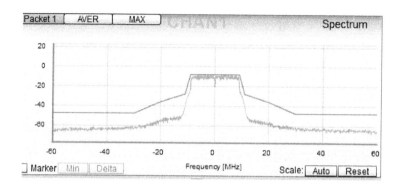

图 4-22　Wi-Fi 802.11n HT20 的频谱模板测试图

另外，对于 WCDMA、CDMA、LTE 系统，还有"相邻信道泄漏比"，即 ACLR 或 ACPR 指标来衡量带外杂散。ACLR 和频谱模板的区别在于：频谱模板是逐点验证的，ACLR 是从信道积分的结果来衡量的。

对于 GSM、GPRS、EDGE 系统，有"调制谱"和"开关谱"指标。调制谱是指系统正常通信时由调制产生的频谱在其他邻近信道上的情况，而开关谱是在功率关断和发射切换时产生的频谱。

是德科技公司的 8960 仪器测试的 WCDMA 的 ACLR 测试图如图 4-23 所示，GSM 的输出射频频谱（Output RF Spectrum，ORFS）测试图如图 4-24 所示。

杂散

杂散分为带内杂散和带外杂散。杂散的成分复杂，包括谐波、交调、互调，以及其他非线性产物。

带内杂散：在工作频段内，该信道（Channel）产生而落在其他信道上的杂散信号。

带外杂散：是指落在工作频段外的杂散，有时也指落在信道外的杂散。

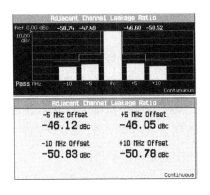

图 4-23 WCDMA ACLR 测试图

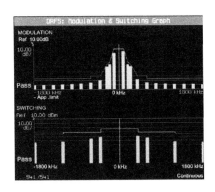

图 4-24 GSM ORFS 测试图

示例

图 4-25 是用是德科技公司的 8960 仪器测试的 WCDMA 杂散频谱辐射模板（Spectrum Emission Mask，SEM）测试图。

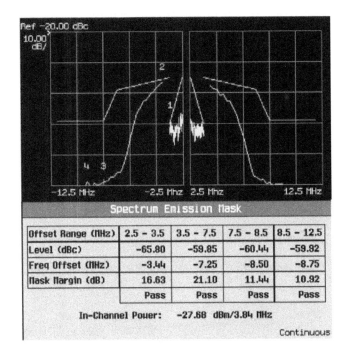

图 4-25 WCDMA 杂散 SEM 测试图

调制质量

由于器件的非线性因素（信号在频率和幅度变化上不呈线性关系）导致调制信号和理想信号有误差，除了产生杂散还会导致信号畸变。对于恒包络已调信号（信号的幅度不变），调制时可以用频率误差和相位误差来衡量调制质量。对于非恒包络已调信号，因为有幅度上的变化，通常用 EVM（Error Vector Magnitude）来衡量调制质量，EVM 中文名叫"矢量幅度误差"，通常简称为"矢量误差"，如同前面介绍星座图时所讲，因为信号既有相位和又有幅度，就可以用矢量图表示，根据矢量加减法的原理，就能够计算 EVM。图 4-26 所示是 EVM 的矢量解释图。

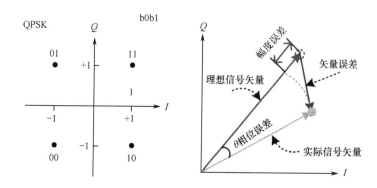

图 4-26　EVM 矢量解释图

理论定义

矢量误差（EVM）是指发射信号的矢量与理想无误差信号的矢量差。

实战定义

矢量误差（EVM）是指波形误差，即发射波形和理论波形之间的差值，用矢量表示。

测量目的：验证发射机的调制性能，过大的矢量误差会增加上行链路的发送错误。

示例

WCDMA 系统的 EVM 测试图如图 4-27 所示，Wi-Fi 802.11ac 的频率误差（Frequency Error）及 EVM 测试图如图 4-28 所示。

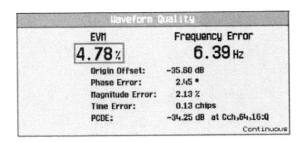

图 4-27　WCDMA 系统的 EVM 测试图

Packet 1				TxQuality 802.11a/g/p/n/ac	
				Export PSDU	
Name	Value	Avg	Max	Min	SDev
Packet Type	802.11ac	--	--	--	
Packet Format	VHT	--	--	--	
Power	9.46	9.46	9.46	9.46	0.00
Peak Power	19.12	19.12	19.12	19.12	0.00
EVM Pilot	-35.92	-35.92	-35.92	-35.92	0.00
EVM Data	-34.75	-34.75	-34.75	-34.75	0.00
EVM	-34.78	-34.78	-34.78	-34.78	0.00
EVM (%)	1.82	1.82	1.82	1.82	100.00
Phase Error	0.18	0.18	0.18	0.18	0.00
Frequency Error	-15.195	-15.195	-15.195	-15.195	0.000
Symbol Clock Error	-3.09	-3.09	-3.09	-3.09	0.00
LO Leakage	-49.91	-49.91	-49.91	-49.91	0.00
Amplitude Imbalance	0.03	0.03	0.03	0.03	0.00
Phase Imbalance	0.17	0.17	0.17	0.17	0.00

图 4-28　Wi-Fi 802.11ac 频率误差及 EVM 测试图

实战小锦囊

发射机的指标有很多，并且绝大部分是非常重要的指标，在研发和生产阶段需要测试的指标也有很多，具体情况如下：

○ 工作频段：该指标在研发和生产阶段时都不会测试，因为该指标是非常基础的，是各芯片厂商务必须做到的，所以是默认完全符合要求的。

○ 信道带宽：一般情况下，Wi-Fi、ZigBee、Bluetooth、GSM、GPRS、EDGE 不需要测试信道带宽，WCDMA、CDMA、LTE、NB-IoT 在研发和生产阶段就需要测试信道带宽，通常用占用带宽（Occupied Bandwidth，OBW）来衡量。占用带宽是指通信产品的整个信道发射出来的能量（功率）所占用的宽度，一般用 99% 的发射功率所占用的频谱范围来衡量。

○ 最大功率：最大功率是任何无线产品都必须测试的指标，是发射机最关键的指标，也是设计中最先关注的性能指标，它将决定产品的通信范围和距离。但是 GPS 是个例外，因为 GPS 属于接收系统，其发射信号时仅仅用来做一些类似于 ACK 响应的工作，所以不太关心发射功率的大小。

○ 频谱模板：频谱模板也是非常重要的指标，有时候该指标还和最大功率存在相关性（如 Wi-Fi）。Wi-Fi、GSM、GPRS、EDGE、WCDMA、CDMA、LTE、NB-IoT 在研发和生产阶段都测试，具体测试项参考上面的实例介绍。Bluetooth 不测试频谱模板，ZigBee 需要测试 TX PSD 频谱模板。

○ EVM：EVM 是非常重要的调制质量指标，通常和发射功率存在相关性，会严重影响通信质量，比如速率。WCDMA、CDMA、LTE、NB-IoT、Wi-Fi、ZigBee 均需要测试 EVM。GSM、GPRS、EDGE

的调制方式决定了它们的波形为恒包络波形，因此和幅度没有关系，所以不能用 EVM 来衡量，而采用相位误差来衡量。

○ 频率误差：频率误差是各通信产品都需要测试的重要指标，影响到通信连接的可靠性。对于 Bluetooth，由于采用跳频模式，需要测试初始载波频率容忍度（Initial Carrier Frequency Tolerance）和载波频率漂移（Carrier Frequency Drift）。

○ ACLR/ACPR：ACLR/ACPR 是非常重要的指标，这个指标会影响到其他信道的用户，从而降低系统容量。WCDMA、CDMA、LTE、NB-IoT 在研发和生产阶段需要进行这个指标的测试。

○ 相位误差：GSM、GPRS、EDGE 在研发和生产阶段均需要测试相位误差。

○ 带外杂散：通常在研发阶段需要测试带外杂散，这为后续的认证提前做好准备，而一般在生产阶段不需要进行带外杂散测试。

4.4　常用单位介绍

射频指标需要有度量单位来衡量"发射"和"接收"的质量，让我们看看有哪些单位。

dB

定义：当用于度量功率时，计算公式为 $10\lg(P_o/P_i)$，也就是输出功率（P_o）和输入功率（P_i）比值的对数表示；当用来度量增益（放大倍数）时，计算公式为 $20\lg(U_o/U_i)$，也就是输出电压（U_o）和输入电压（U_i）比值的对数表示。中文名叫分贝。

用途：用来度量功率增益和电压增益，功率增大 1 倍是 3 dB，电压增大 1
倍是 6 dB。

 示例

华为荣耀路由器采用的原 RFMD 公司的 RFPA5200 放大器的典型增益
（Gain）33 dB（见表 4-2），意味着信号经过放大器后放大 2000 倍。

表 4-2　华为荣耀路由器中 RFPA5200 放大器增益指标 [①]

参　数	规　格			单　位	测试条件
	最小值	典型值	最大值		典型条件：V_{cc}=5.0 V，V_{reg}= 2.9 V，工作温度 25℃，频率 范围为 2412～2484 MHz
频率	2412		2484	MHz	
802.11n 输出功率		26.5		dBm	
动态矢量误差 （802.11n）		2.5	3	%	
802.11g 输出功率		27		dBm	OFDM 64QAM 54 Mbps
动态矢量误差 （802.11g）		2.5	3	%	
二次谐波			−20	dBm/MHz	额定输出功率
三次谐波			−43	dBm/MHz	
增益	31	33		dB	
	28	33	38	dB	温度：−40～+85℃

dBm

定义：当用于度量功率时，其计算公式为 $10 \lg [P_o/(1\ \text{mW})]$；当用于度量
电压时，其计算公式为 $20 \lg [V_o/(1\ \text{mV})]$。中文名叫分贝毫瓦或者分贝毫伏。

用途：用来度量功率大小或电压大小的单位，因为无线通信系统的功率
不是特别大，如果直接用瓦（W）来表示不太方便，所以需要换算成与毫瓦

---

① 表格来源于 RFPA5200 芯片规格书。

（mW）或毫伏（mV）的比值，用 dBm 来表示。

示例

在共享单车车锁里面的 GSM 模块中，低频功率为 33 dBm，高频段功率为 30 dBm。表 4-3 为来自国家无线电管理局官网上共享单车车锁 GSM 模块的功率数据。

表 4-3　共享单车车锁 GSM 模块的功率数据[①]

频率范围	发射功率
890 ～ 915 MHz，1710 ～ 1755 MHz，2400 ～ 2483.5 MHz	GSM EIPR：33 dBm 或 30 dBm，误差 ±2 dBm 蓝牙 EIPR：≤ 20 dBm

注：表中 EIRP 的英文全称为 Equivalent Isotropically Radiated Power，中文名为"等效全向辐射功率"。

dBi

定义：用来度量天线增益，天线在某一点的功率与理想点源在同一点产生的功率比值。

用途：用作度量天线增益的单位，衡量天线的辐射性能。

示例

表 4-4 是某企业级无线接入点（Access Poin，AP）外置天线和内置天线的增益对比数据，其中 EXT 代表外置天线，Chip 代表内置弹片天线。

表 4-4　企业级 AP 天线数据

| 频率 / MHz | 增益数据 | | | | | |
| | 峰值增益 / dBi | | 平均增益 / dBi | | 效率 / % | |
	EXT	Chip	EXT	Chip	EXT	Chip
2400	3.58	1.84	−1.72	−1.53	67.29	70.24
2410	3.53	1.99	−1.81	−1.52	65.94	70.50
2420	3.48	2.18	−1.85	−1.49	65.25	71.02

① 表格数据来源于 SRTC 网站查询。

dBc

定义：是指输出功率（P_o）和比较功率（P_c）的对数表示，用公式表示为 $10\ \lg(P_o/P_c)$，而且这个是功率相对值，一般用来和载波（Carrier）功率做比较。

用途：用来度量载波功率、干扰（同频干扰、交调、杂散、带外干扰等）。

 示例

NB-IoT 对载波泄漏的最小要求见表 4-5。

表 4-5　NB-IoT 载波泄漏最小要求 [①]

输出功率条件	相对极限 / dBc	适用频率
输出功率 >10 dBm	−28	载波中心频率 < 1 GHz
	−25	载波中心频率 ≥ 1 GHz
0 dBm ≤输出功率≤ 10 dBm	−25	
−30 dBm ≤输出功率≤ 0 dBm	−20	
−40 dBm ≤输出功率 < −30 dBm	−10	

Hz、kHz、MHz、GHz

定义：频率一般是指每秒钟完成变化的周期数，即 $f=1/T$，其中 T 为周期。频率单位的中文名叫赫兹，一般用组合字母 Hz 来表示，主要用来度量频率大小。除 Hz 外，常用频率单位有 kHz（10^3 Hz）、MHz（10^6 Hz）、GHz（10^9 Hz）。

用途：用来表示频率大小的单位。

 示例

中国电信 NB-IoT 频段在 800 MHz 附近，中国移动 NB-IoT 频段在 900 MHz

---

① 表格来源于 3GPP Release 13 文档 TS36.101。

附近，表 4-6 是华为海思 NB-IoT 芯片 Hi2115 所支持的低频段工作频率范围。

表 4-6　华为海思 NB-IoT 芯片 Hi2115 所支持的低频段工作频率范围 [①]

发射机的无线指标	最小值	典型值	最大值	单位
工作频率（低频段）	698		928	MHz
最大发射功率		待定		dBm
三次谐波			待定	dBm

---

① 表格来源于 Hi2115 芯片规格书。

第 5 章
射频接收机系统架构

 学习指引

本章共 4 节。

前三节详细地讲解三种射频接收机系统架构及优缺点，重点介绍了信号的接收流程。最后一节结合一系列测试案例，详细介绍用于衡量接收机性能的各种指标。

 学习重点

○ 理解三种射频接收机的架构原理

○ 掌握射频接收机的重要测试指标

○ 两个灵敏度公式的指导意义

接收机和发射机刚好相反，主要实现从空中的各种信号中接收有用信号，并经过一定的放大，达到解调器所需的功率，然后进行射频信号变频和解调，最终转换为基带信号。接收机处理的信号通常都是极其微弱的。

射频电路常见的接收套路有三种：超外差一次变频、超外差二次变频和直接变频，这三种套路就是射频接收机的三种系统架构。

5.1 超外差一次变频接收机

超外差一次变频接收机原理

将接收到的信号与本振（LO）信号（由本地振荡器产生）混频，变成中频（IF）信号，IF 信号经过中频滤波、放大后进行解调变成基带信号，整个接收过程只需要一次变频就可以进行解调，其系统架构如图 5-1 所示。

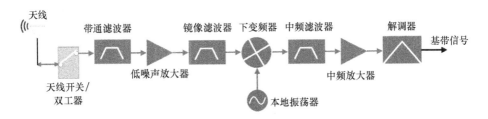

图 5-1　超外差一次变频接收机系统架构图

可以看到图中只有一个下变频器，也就是只经过一次变频就可以解调，所以比较直接。具体的详细处理过程不再赘述，可以参考前面射频发射机系统架构的讲解以及下面的例子。

变频的频谱搬移过程如图 5-2 所示，经过变频器后 RF 频谱被下变频到 $f_{RF} - f_{LO}$ 的中频 IF 上。

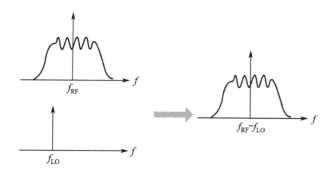

图 5-2 超外差一次变频频谱搬移图

一次变频接收机的优点

○ 放大器容易实现。因为接收机增益可以分散在射频和中频两个阶段，所以增益实现比较容易。

○ 在较低、固定的 IF 上进行解调和 A/D 转换也比较容易实现。

一次变频接收机的缺点

○ 存在镜像频率干扰。如前面发射机系统架构一样，作为超外差系统架构固有的镜像干扰在接收机中也同样存在，镜像频率将和有用信号叠加在中频上造成干扰。

○ 难以集成。由于镜像滤波器和中频滤波器的 Q 值较高，所以在芯片内难以实现，通常需要在芯片外单独添加滤波器，这样造成集成度低而且成本增加。

图 5-3 是杭州中科微公司的北斗导航芯片 AT6558 的电路框图，该芯片采用超外差一次变频系统架构。

从图 5-3 可以看到，北斗射频信号经过 MIX 下变频器变频为中频（IF）信号，中频（IF）信号经过中频放大器后就进行了解调，整个过程只经过一次变频就解调了，是典型的超外差一次变频接收机系统架构。

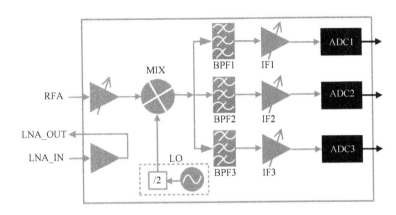

图 5-3 AT6558 电路框图 [1]

5.2 超外差二次变频接收机

二次变频接收机原理

先把频率很高的射频信号缓冲一下，转换成稍低的第一中频（IF1）信号，然后再转换成第二中频（IF2）信号，在此基础上进行解调，超外差二次变频接收机系统架构如图 5-4 所示。

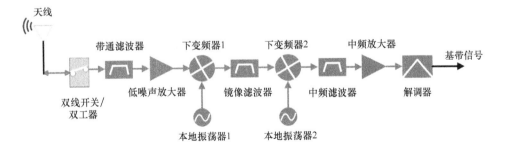

图 5-4 超外差二次变频接收机系统架构图

---

① 图片参考AT6558芯片规格书。

从图 5-4 中可以看到总共有两个下变频器，第一个下变频器把射频信号变成 IF1 信号，这个时候还不能解调，再通过第二个下变频器转换成 IF2 信号，最后在 IF2 信号的基础上进行解调。具体的详细处理过程不再赘述，可以参考前面射频发射机系统架构的讲解以及下面的例子。

超外差二次变频接收机的频谱搬移过程如图 5-5 所示。

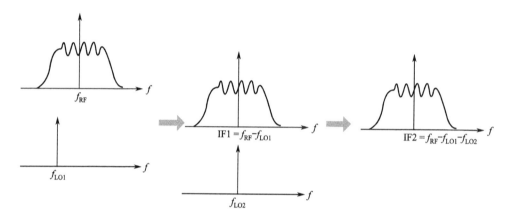

图 5-5　超外差二次变频频谱搬移图

二次变频接收机的优点

○ 放大器功能更容易实现。这种架构把接收系统分为四级，即 RF、IF1、IF2、BB（BaseBand），使得放大器增益分散，其功能更容易实现。

○ 滤波器功能也容易实现。由于把频率变换两次，频率相对降低后滤波器设计难度降低。

○ 性能优良。通过合理安排两个低频段频率，能做到很高的动态范围、灵敏度、镜像抑制等。

二次变频接收机的缺点

○ 结构复杂。由于两次变频，元器件较多，不利于集成而且成本较高。

○ 存在镜像干扰。如同前面讲的超外差一次变频系统架构一样，超外差
二次变频系统架构同样存在镜像干扰。

某企业级 AP（一般用于机场、商场、油田、矿区等）采用美国 Qualcomm
Atheros 公司的 5G 射频收发芯片 AR9382，其接收机系统架构如图 5-6 所示。

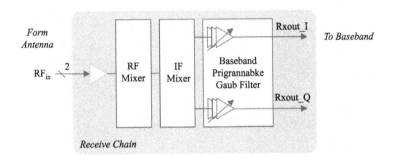

图 5-6　AR9382 芯片接收机系统架构图 [①]

从图 5-6 中可以看到，该芯片在接收机电路中采用 RF（可以理解为 IF1）
和 IF（可以理解为 IF2）两个混频器，先用 RF Mixer 把射频 RF_{in} 信号下变频
到 IF1 信号，再用 IF Mixer 把 IF1 下变频到 IF2，在 IF2 频率上完成解调，共
进行了两次变频转换，最后送给基带电路进行 A/D 转换等相关处理。

室外 AP 大剖析

接下来将为大家剖析某款室外 AP 的整个射频接收机电路。整个射频接收
机电路对于初学者来说，可能有一定的难度，这里不妨作为兴趣先学习。

该室外 AP 为双频配置，2.4 GHz 附近频段有两路（2×2 MIMO），5 GHz
附近频段同样有两路（2×2 MIMO），其接收机系统框图如图 5-7 所示。

---

① 图片来源于AR9382芯片规格书。

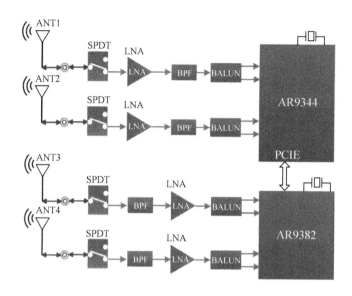

图 5-7　某室外 AP 接收机系统框图

下面分别简单介绍该款无线 AP 两个频段的接收机电路。

2.4 GHz 附近频段：两路信号的接收过程相同，这里只讲一路。该室外 AP 采用和前面介绍的 NETGEAR 路由器一样的射频收发芯片 AR9344。2.4 GHz 附近频段的 Wi-Fi 信号在空中通过天线接收下来，天线把电磁波转换成射频信号传输给 SPDT，经过开关选择接收通路后传输给低噪声放大器（LNA）进行低噪声放大，放大后的信号传到带通滤波器（BPF）进行滤波，滤波后的信号经过电容电感组成的巴伦电路（BALUN），由单端信号转换为差分信号传输给 AR9344，在 AR9344 内进行"零中频"（见本书 5.3 节）变频解调，解调后送给基带电路处理。这就是 2.4 GHz 附近频段的 Wi-Fi 信号的整个接收处理过程。

5 GHz 附近频段：两路信号的接收过程相同，只分析一路。该室外 AP 采用美国 Qualcomm Atheros 公司的 AR9382 作为 5 GHz 附近频段的收发芯片。5 GHz 附近频段的 Wi-Fi 信号在空中通过天线接收下来，天线把电磁波转换成射频信号传输给 SPDT，经过开关选择接收通路后传输给带通滤波器（BPF）

进行滤波，滤波后的信号传输给低噪声放大器（LNA）进行低噪声放大，放大后的信号传输到电容电感组成的巴伦电路（BALUN），由单端信号转换为差分信号传输给 AR9382，在 AR9382 内完成两次下变频，并在第二次变频时实现了解调，解调后的 IQ 信号送给基带电路进行 ADC 转换、解码等处理。这就是 5 GHz 附近频段的 Wi-Fi 信号的整个接收处理过程。

5.3　直接变频接收机

接收机里最简单的系统架构是直接变频接收机，不需要中频。既然接收机的最终目的是把信号解调成基带信号，干吗那么费劲地一次变频或两次变频，何不直接变频到基带信号？接下来将进行介绍并回答这个问题。

直接变频接收机原理

直接变频接收机又称为零中频（Zero Intermediate Frequency，ZIF）接收机，既然超外差系统架构会带来镜像干扰问题，那么直接将射频信号变成基带信号就可以避免这个问题。另外，既然超外差结构复杂，那就简化架构。在直接变频接收机架构中，本振（LO）频率等于载波频率（射频信号频率），因为 $f_{IF} = f_{RF} - f_{LO}$，所以混频器将射频信号直接变频为 $f = 0$ 的基带信号，也就是没有中频，直接在基带信号上解调，非常直接简单。

直接变频接收机的系统架构如图 5-8 所示。

直接变频接收机的频谱变换过程如图 5-9 所示，射频（RF）信号和一个频率相同的本振（LO）信号混频，一步变到了基带 0 Hz 上。

直接变频接收机的优点

○ 不存在镜像干扰。

○ 没有中频滤波器，便于集成，成本低。

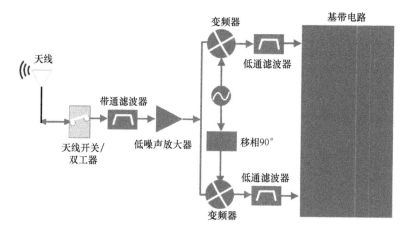

图 5-8　直接变频接收机系统架构图

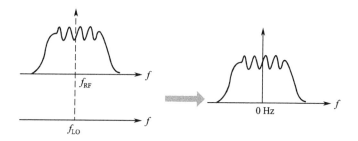

图 5-9　直接变频频谱变换过程

○ 电路简单。对于消费电子或便携式产品来说，基本上都是零中频系统
架构了，这也是零中频系统架构优势的体现。

直接变频接收机的缺点

○ 本振泄漏。寄生的本振信号可以通过一些路径从接收机泄漏到天线，
由于零中频架构的本振和射频频率相同（从图 5-9 也可以看出），泄漏
的本振信号刚好就落在了射频频段内，对系统来说就是干扰信号，因
此会对整个系统造成干扰。随着技术的发展，现在这个缺点基本被克
服了，如采用射频路径和本振路径的对称布局等方法。

○ 直流偏置（DC Offset）。上面提到泄漏的本振信号如果通过 LNA 的输入端口，和射频信号一起被放大并和本振信号混频（常称为"本振自混频"），结果将产生基带的直流分量。直流分量会给接收机带来严重影响，比如使后面的基带电路饱和。随着技术的发展，这个问题也得到很好的解决，如数模转换技术（DAC）。

○ 带来正交问题。因为信号在变频时被分为同相和正交两路信号，所以会带来诸如 I、Q 不平衡、奇次与偶次谐波互调干扰等问题。

需要说明的是，随着技术的发展，直接变频接收机的缺点都被很好地克服了，这才使得直接变频接收机获得广泛应用，变成了主流架构。

前几年火热的共享单车，比如摩拜单车，单车中技术含量最高的，也是单车成本最高（如 ofo 单车锁占单车成本的一半左右）的零部件就是智能锁，单车的智能锁一般采用 GSM 模块和服务器进行通信，GSM 模块早期采用联发科（MTK）公司的射频收发芯片 MT6261MA（现在基本采用 MT2503D）。

图 5-10 是 MT6261MA 芯片 GSM 射频电路内部（接收机）架构图，接收机电路为直接变频系统架构。

图 5-10 的上半部分就是该芯片接收机内部框图，可以看到，左边 RXHB 为 DCS1800 和 PCS1900 两个高频频段的接收通路，RXLB 为 GSM850 和 GSM900 两个低频频段接收通路。GSM 接收信号经过内部两个增益可调的放大器放大后，被传输到变频器进行正交下变频（该框图没有画出 IQ 正交），经过一次变频直接就变为了基带 IQ 信号，基带信号再经过低通滤波器滤波，放大器放大，最后送给基带电路进行解调等处理。

智能锁通信模块大剖析

接下来将为大家剖析智能锁通信模块中 GSM 的整个射频接收机电路。整个射频接收电路对于初学者来说，可能有一定的难度，这里不妨作为兴趣先学习。

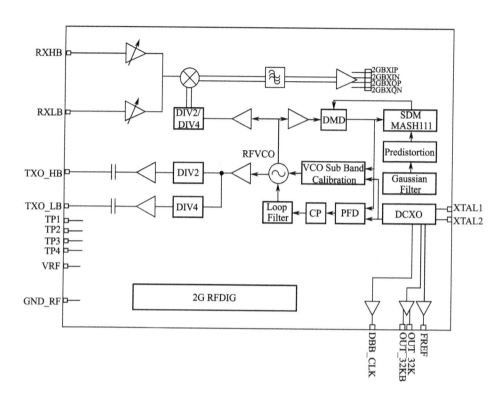

图 5-10　MT6261MA 芯片 GSM 射频电路接收机电路架构图 [①]

单车智能锁 GSM 模块接收机电路框图如图 5-11 所示。

该模块的接收电路比较简单，四个 GSM 频段被分为两组，也就是 HB（RX_HB）和 LB（RX_LB）。每组信号经过天线接收下来，传输给射频前端模块（原 RFMD 公司的一个射频前端模块，RF7198），通过射频前端模块里的开关选择接收通路后输出到射频前端模块外部相关端口，分别传输到 MT6261MA 芯片的 HB 和 LB 端口，在 MT6261MA 内部完成低噪声放大、变频、解调，然后送给基带电路处理。

---

① 图片来源于MT6261MA芯片规格书。

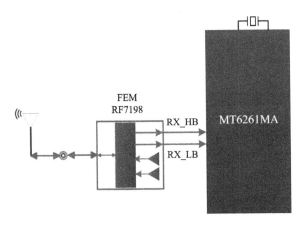

图 5-11　单车智能锁 GSM 模块接收机架构图

5.4　接收机的射频指标

如同发射机一样，接收机也有相应的射频指标要求。和发射机相比，在实际产品中接收机的指标要少很多，虽然下面介绍了几个指标，但是在产品研发中，最关心的指标通常只有一个，也就是最柔弱的指标——灵敏度。

频率范围

如同发射机一样，接收机也有自己的工作频率区间，这个区间就是频率范围。

示例

表 5-1 是 iPhone6 Plus 手机所用 WTR1625L 的 LTE 接收机各频段的工作频率范围。

灵敏度

这是最能体现接收机"柔弱"的参数，也是接收机最关键的参数。接收机接收到的信号通常都是经过一定距离、复杂环境后的微弱信号，接收机接收弱信号的能力是最基本和最核心的要求，所以需要用最弱的接收电平来衡量接收机的能力。

表 5-1　WTR1625L 的 LTE 接收机各频段的工作频率范围 [①]

频段号	注　　释	最小值 / MHz	最大值 / MHz
Band 1	IMT	2110	2170
Band 2	PCS	1930	1990
Band 3	DCS	1805	1880
Band 4	AWS	2110	2155
Band 5	Cell	869	894
Band 6	JCell	875	885
Band 7	IMT-E	2620	2690
Band 8	EGSM	925	960
Band 9	J1700	1845	1880
Band 10	EAWS	2110	2170
Band 11	PDC	1475.9	1495.9
Band 12	低 700 MHz A ～ C 块	728	746
Band 13	高 700 MHz C 块	746	756
Band 14	高 700 MHz D 块	758	768
Band 17	高 700 MHz B ～ C 块	734	746
Band 18	B18	860	875
Band 19	B19	875	890
Band 20	EU800	791	821
Band 21	B21	1495.9	1510.9
Band 23	S-Band	2180	2200
Band 24	L-Band	1525	1559
Band 25	E1900	1930	1995
Band 26	B26	859	894
Band 28	700 APAC	758	803

---

① 表格来源于WTR1625L芯片规格书。

（续表）

频段号	注　　释	最小值 / MHz	最大值 / MHz
Band 29	Media FLO	716	728
Band 30	WCS	2350	2360
Band 34	B34（仅时分双工）	2010	2025
Band 38	B38（仅时分双工）	2570	2620
Band 39	B39（仅时分双工）	1880	1920
Band 40	B40（仅时分双工）	2300	2400
Band 41	B41（仅时分双工）	2496	2690
Band 41-XGP	B41-XGP（仅时分双工）	2545	2575

理论定义

灵敏度是指接收机能满足解调要求最低的输入信号的接收电平。

实战定义

灵敏度是指接收机能够接收的最弱信号（保证能正常通信的前提下）。

灵敏度常用来测量并衡量接收机的接收水平，较差的灵敏度，将会导致设备的覆盖范围变小。对于无线系统，有一个通用的灵敏度计算公式，具体推导计算过程这里不进行介绍，只需了解结果就可以了。灵敏度计算公式如下：

$$P_{in(min)}（dBm）= -174（dBm/Hz）+10 \lg B+ NF+SNR_{out(min)} \qquad （5-1）$$

公式中：

−174 dBm/Hz 是指自由空间的噪声密度。

B 是指 Bandwidth，即系统信道的带宽。

NF 是指系统级联噪声系数。

$SNR_{out(min)}$ 是指系统能够解调的最低信噪比。

公式（5-1）一般适用于模拟通信系统，是一个通用的指导公式。对于数字扩频系统，比如 WCDMA、CDMA、LTE 等，接收机灵敏度公式推导变化为

$$S_{in}（dBm）= NF + kTB + E_b/N_o - G_P \tag{5-2}$$

公式中：

S_{in} 为灵敏度。

k 为玻耳兹曼常数，k=1.381×10^{-23} W/Hz/K。

T 为室内温度，一般取值为 T=290 K。

B 为系统信道带宽，在扩频系统中取码片速率（chip rate）。

E_b/N_o 是指每比特能量与噪声功率谱密度的比值。

G_p 是处理增益，$G_p = B/R_b$，如果是非扩频系统则不需要减去 G_p。

R_b 是用户数据波特率。

本书在编写时尽量抛弃理论公式，从实用性的工程角度讲解，这里专门讲解两个灵敏度公式是因为它们很重要，其作用有两个：

○ 从理论层面帮助我们深入理解灵敏度的意义；

○ 从理论层面指导工程实践中如何提高系统灵敏度。

对于初学者来说，理解这一公式存在很大难度，这里先给出公式，以便读者谨记此公式，在今后工程实践时加以应用。

用来衡量接收机灵敏的指标通常有以下 5 种。

BER（Bit Error Rate）

BER，中文名叫"误码率"，用该指标的系统有 GSM、WCDMA、

Bluetooth、北斗系统等。

测试方法是，当接收机的接收功率为灵敏度要求的最低功率时（如 WCDMA Band1 灵敏度要求为 –106.7 dBm），接收机的误码率不能高于给定的要求（如 WCDMA Band1 要求 BER 不高于 0.1%），如果此时 BER 满足要求，则可判定灵敏度合格。以下其他几个指标的测试方法和 BER 的用法类似，都是在接收机接收功率为最低功率时测试这些指标，如果指标达到要求，则灵敏度合格。

PER（Packet Error Rate）

PER，中文名叫"误包率"，用该指标的系统有 Wi-Fi、ZigBee、Bluetooth 等。

BLER（Block Error Rate）

BLER，中文名叫"误块率"，用该指标的系统有 GPRS、EDGE、LTE、NB-IoT、5G 等。

需要说明的是，对于 LTE 和 5G，由于主要业务为数据传输，因此在衡量灵敏度时采用了更为直观的吞吐量进行测试，并没有直接用 BLER 指标。其测试方法是，在接收机接收功率为最低功率时，测试接收机的吞吐量，吞吐量达到给定要求的 95% 以上时方可判定灵敏度合格。

FER（Frame Error Rate）

FER，中文名叫"误帧率"，用该指标的系统有 cdma2000、EVDO 等。

C/N（Carrier/Noise）

C/N，中文名叫"载噪比"，单位是 dB/Hz，用该指标的系统有 GPS、北斗系统等。

表 5-2 是 3GPP 对 LTE 部分频段 QPSK 调制且不支持载波聚合（Carrier Aggregation，CA）时的灵敏度指标要求。

表 5-2 3GPP 对 LTE 部分频段的灵敏度指标要求 [1]

频段号	信道带宽及对应灵敏度指标 / dBm						双工方式
	1.4 MHz	3 MHz	5 MHz	10 MHz	15 MHz	20 MHz	
1			−100	−97	−95.2	−94	FDD
2	−102.7	−99.7	−98	−95	−93.2	−92	FDD
3	−101.7	−98.7	−97	−94	−92.2	−91	FDD
4	−104.7	−101.7	−100	−97	−95.2	−94	FDD
5	−103.2	−100.2	−98	−95			FDD
6			−100	−97			FDD
7			−98	−95	−93.2	−92	FDD
8	−102.2	−99.2	−97	−94			FDD
9			−99	−96	−94.2	−93	FDD
10			−100	−97	−95.2	−94	FDD
11			−100	−97			FDD
12	−101.7	−98.7	−97	−94			FDD
13			−97	−94			FDD
14			−97	−94			FDD

图 5-12 是中兴通讯 LoRa 网关 IWG200 的灵敏度测试图，采用信号发生器测试，测试信道为 CH10。图中"Level"值是网关最后测试灵敏度的值。

---

[1] 数据来源于3GPP TS36.101 V14.4.0。

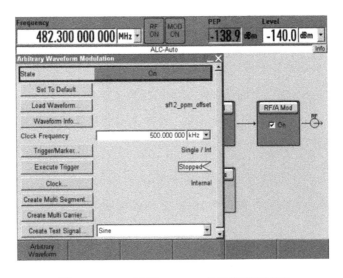

图 5-12　LoRa 网关 IWG200 的灵敏度测试图

实战小锦囊

　　该部分对于初学者来说可能理解起来较困难，但是对以后的工程实战非常重要，在今后实战中具有很大的理论指导意义，希望能够尽量理解，或者在以后工作中回头再深入学习，从而提升自己的工程技术水平。

　　公式一：$P_{\text{in(min)}}$（dBm）$=-174$（dBm/Hz）$+10\,\lg B + \text{NF}+\text{SNR}_{\text{out(min)}}$

　　公式二：S_{in}（dBm）$= \text{NF}+ KTB+ E_{\text{b}}/N_{\text{o}}- G_{\text{p}}$

公式一的意义：

　　理论意义

　　带宽越宽，灵敏度越低。这一点可以帮助我们理解为何不同系统或不同信道宽度下的灵敏度标准不同。

　　工程实战指导

　　在工程设计中，能够提高灵敏度的唯一方式就是提高 NF（系统级联噪

声系数)。

对于一个给定的系统或指定条件下的灵敏度，带宽 B 是已经规定好的，无法变动，而 $SNR_{out(min)}$ 已经是理想情况下的最小值了，不可能再低了，实际上这个值指的是解调芯片的能力。因为灵敏度的数值越低越好，所以我们能做的只能是降低噪声系数 NF。

噪声系数 NF 的定义是：$NF=10\ \lg F$，F 为 noise factor，即噪声因子，$F= SNR_i/SNR_o$，即输入信号的信噪比 SNR_i 与输出信号的信噪比 SNR_o 的比值。

灵敏度公式里 NF 是指整个接收机电路从天线到解调芯片内部电路端口的各级噪声系数的总和，所以我们能做的就是首先保证每一级的电路噪声系数尽量低，并且做好各级电路级联时尽量低。

噪声因子的级联公式如下：

$$F= F_1+(F_2-1)/G_1+(F_3-1)/\ G_1G_2 + \cdots +(F_n-1)/\ G_1G_2G_3\cdots G_{n-1}$$

其中，F_n 为第 n 级电路的噪声因子（单位为倍，不是 dB），G_n 为第 n 级电路的增益（单位为倍，不是 dB）。由此公式我们又可以得出，降低系统噪声系数的关键是降低前几级的噪声因子，尤其是第一级。所以我们可以理解为何接收电路的信号放大采用低噪声放大器 LNA，就是为了降低系统的级联噪声系数。

公式二的意义：

理论意义

带宽增大或许会降低灵敏度（考虑到 G_p，实际未必）；

温度越高，灵敏度越差，可以解释为何高温测试时灵敏度恶化；

G_p 越大，灵敏度越好，$G_p = B/R_b$，其中 B 是扩频带宽或码率，可以解释为何采用扩频技术，为何不断研究先进的编码技术，扩频就是为了降低系统解调时对 E_b/N_o 的要求。

工程实战指导

同第一个公式的结论一样，在工程设计中，能够提高灵敏度的唯一方式就是提高 NF（系统的级联噪声系数）。

对于一个给定的系统或指定条件下的灵敏度，带宽 B 是已经规定好的，无法变动，而 E_b/N_o 是确定的，实际上这个值是指解码芯片的能力。因为灵敏度是越低越好，所以我们能做的只能是降低噪声系数。

总结

工程实战中提高灵敏度需要注意以下三个方面。

• 做好器件选型。在接收机前端电路各器件选型时，噪声系数尽量小，对于无源电路来说就是插入损耗（Insertion Loss，IL，即插损）尽量低，这样才能保证每一级电路，以及级联电路总的噪声系数尽可能小。理论依据：灵敏度公式和噪声系数级联公式。

• 做好各级电路匹配。匹配包括最小噪声匹配和最大功率匹配，最小噪声匹配是为了降低噪声系数，最大功率匹配是发挥器件的增益 G，这个理论来源是前面介绍的噪声系数级联公式，提高前级电路的增益，同样可以降低系统噪声系数。这两种匹配要在实践中取得折中，大多数人只对功率匹配重视，而对噪声匹配没有概念。

• 消除和降低干扰。一旦有干扰信号进入电路，肯定会导致输入信噪比增大，最终导致噪声系数增大，从而使灵敏度恶化，理论来源便是 $F = SNR_i/SNR_o$。所以，在工程实战中需要做好接收电路的保护，防止各种干扰信号的引入，发现干扰后要想办法消除或降低。

动态范围

动态范围是指接收机能够正确解调的信号电平的范围。灵敏度是指最低接收电平，如果再有一个最大电平，那么最大电平和最小电平这个区间范围就是接收机的动态范围。一般通过最大输入电平、输入三阶截取点（IIP3）来衡量动态范围；动态范围正比于 IIP3，并且两者之间可以用公式来计算（有兴趣的读者自己查询公式），因此通常用 IIP3 来衡量动态范围。

最大输入电平

理论定义

最大输入电平是指在保证不降低接收机性能的情况下能接收的最大功率。

实战定义

最大输入电平是指接收机能够接收的最强信号。

测量目的：衡量接收机在最强接收信号下的性能，也是衡量接收机线性度的指标。

由于最大接收功率和 IIP3 直接相关，一般来说最大接收功率比 $P_{1\,dB}$（1 dB 功率压缩点）低 3 dB 左右，而 $P_{1\,dB}$ 又比 IIP3 低 10 dB 左右，所以就可以用 IIP3 来衡量接收机的最大接收电平或线性度。

✎ **示例**

表 5-3 是 ZigBee 产品中使用多年的经典方案，TI 公司 CC2530 芯片接收机灵敏度和最大输入电平指标。

表 5-4 是共享单车智能锁中常用的 MTK 公司的 MT2503D 芯片中 GSM 接收机三阶交调指标。

表 5-3　CC2530 芯片接收机灵敏度和最大输入电平指标 [1]

参　　　数	测 试 注 释	典型值 / dBm	最大值 / dBm
接收机灵敏度	PER=1%	−97	−92
饱和度（最大输入电平）	PER=1%	10	−88

表 5-4　MT2503D 芯片中 GSM 接收机三阶指标 [2]

项　　　目	符　号	频　　　段	测试条件	最小值 / dBm	典型值 / dBm
输入三阶截取点	IIP3	GSM850	G2	−14	−3
		GSM900		−14	−3
		GSM1800		−14	−3
		GSM1900		−14	−3
输入三阶截取点 @−20℃	IIP_{3-20}	GSM850	G2		−5
		GSM900			−5
		GSM1800			−5
		GSM1900			−5

说明：G2 是指 Gain Mode 2，即低噪声放大器增益模式中的第二种模式。

阻塞和杂散

阻塞

在接收机工作范围内出现一个强干扰信号，这个强干扰信号会导致接收机输出信号变小，甚至趋向于零，这种现象称为"阻塞"（Blocking）。因此，抗阻塞是射频接收机的一个重要指标，一般关注的是相邻信道是否有强干扰，测试时通常要求引起接收机的干扰信号比有用信号大 60 ～ 70 dB。

杂散

和发射机一样，接收机的杂散也是非线性产物，而且接收机通常关注带外杂散。

---

[1]　数扰来源于CC2530芯片规格书。

[2]　数扰来源于MT2503D芯片规格书。

邻近信道抑制

邻近信道抑制（Adjacent Channel Rejection）是衡量接收机抵抗邻近信道干扰的能力，通常在信道相邻的一个信道或第二个信道上都存在一定强度的干扰信号，通过测量该信道的接收灵敏度或吞吐量，来衡量抗干扰能力。

✎ 示例

在 Wi-Fi 和 IEEE 802.11 系统中，需要对邻近信道抑制和非邻近信道抑制（Nonadjacent Channel Rejection）两个指标进行测试。IEEE 802.11ac 邻近信道抑制指标要求见表 5-5。

表 5-5 IEEE 802.11ac 邻近信道抑制指标要求 [1]

调　制	编码速率	邻近信道抑制 / dB		非邻近信道抑制 / dB	
		20/40/80/160 MHz 信道	80+80 MHz 信道	20/40/80/160 MHz 信道	80+80 MHz 信道
BPSK	1/2	16	13	32	29
QPSK	1/2	13	10	29	26
QPSK	3/4	11	8	27	24
16QAM	1/2	8	5	24	21
16QAM	3/4	4	1	24	21
64QAM	2/3	0	−3	16	13
64QAM	3/4	−1	−4	15	12
64QAM	3/4	−1	−4	15	12
64QAM	3/4	−1	−4	15	12
64QAM	3/4	−1	−4	15	12

对于 LTE 和 NB-IoT 采用邻道选择性（Adjacent Channel Selectivity，ACS）指标来衡量邻近信道抑制能力。表 5-6 是 3GPP 对 NB-IoT ACS 的测试标准要求。

---

[1] 数据来源于IEEE 802.11ac 22.3.19.2。

表 5-6   3GPP 对 NB-IoT ACS 的测试标准要求 [①]

邻近信道选择性 1 测试参数		
参　　数	干　　扰	
	GSM（GMSK）[1]	E-UTRA[2]
NB1 类 或 NB2 类的信号功率（P_{wanted}）	参考灵敏度 + 14 dBm	
干扰信号功率（$P_{Interferer}$）	参考灵敏度 + 42 dBm	参考灵敏度 + 47 dBm
干扰带宽	200 kHz	5 MHz
干扰信号距离 NB1 类 或 NB2 类信道边缘的偏移量	±200 kHz	±2.5 MHz
邻近信道选择性 2 测试参数		
参　　数	干　　扰	
	GSM（GMSK）	E-UTRA
NB1 类 或 NB2 类的信号功率（P_{wanted}）	−53 dBm	−58 dBm
干扰信号功率（$P_{Interferer}$）	−25 dBm	
干扰带宽	200 kHz	5 MHz
干扰信号距离 NB1 类 或 NB2 类信道边缘的偏移量	±200 kHz	±2.5 MHz

注：

1. GSM 表示临近信道的干扰信号是 GSM 信号。

2. E-UTRA 表示临近信道的干扰信号是 LTE 信号。

实战小锦囊

在实际产品研发设计中，通常不会测试这么多的指标，一般研发测试的要求如下：

灵敏度：必测。无论什么通信标准，无论什么产品，无论研发阶段还是工厂产线都必须测试，确保接收机的灵敏度指标符合标准。该指标是研发设计时非常关键的指标，较差的灵敏度会影响产品的信号强度，从而影响通信范围和距离。

最大输入功率：一般来说在产品研发阶段需要测试，工厂生产时一般不测试。目的是防止接收机 LNA 饱和。

[①]   数据来源于3GPP TS36.101 V14.4.0。

临近信道抑制：Wi-Fi 和 LTE 产品研发阶段需要测试，工厂生产时一般不测试。

阻塞和杂散：阻塞一般不测试，杂散在研发阶段时可以摸底测试，为后续产品认证做准备。

频率范围：不测试，该指标是非常基础的，各芯片厂商务必做到的，所以是默认完全符合要求的。

第6章
射频单元电路

 学习指引

本章共 12 节。

本章全面介绍了消费电子产品中常用的射频单元电路或器件，是本书最重要的一章。本章每节介绍一种射频单元电路，首先介绍该射频单元电路的基本原理，然后介绍如何对该射频单元电路选型，接着介绍该射频单元电路的典型厂商，最后选取较热门产品中的器件进行剖析，并展示该单元电路的相关设计。

 学习重点

○ 理解各单元电路的原理

○ 理解和掌握单元电路的参数

○ 学会器件选型

前面讲解了射频电路的发射和接收，相应地介绍了射频发射机和接收机的系统架构，那么如何才能设计出这些发射和接收电路呢？首先需要熟练掌握和使用射频电路中的各种单元电路。一个射频系统是由若干个完成特定功能的单元电路组成的，通过各单元电路的配合，完成信号的整个处理过程。每一种单元电路都有自己鲜明的特征和独特的作用，有的用于发射电路，有的用于接收电路，有的发射和接收兼备，有的属于可特殊使用的冷门电路。要想成为射频领域的高手，就必须熟练掌握和使用各种典型的射频单元电路。

本章主要讲解射频电路中各种典型的射频单元电路。随着集成电路的发展，这些典型的单元电路早已集成为专门的器件，因此单元电路的讲解也就变成了典型器件的讲解。要想成为一个合格的工程师，必须熟悉这些射频器件的特性和关键指标，从而熟练地进行选型和应用。

所谓选型，就是根据产品需求去评估和选择一系列合适的器件为产品设计所用。器件选型工作也是工程师综合能力的体现，因为器件选型需要考虑技术、成本、供货等几个因素，是一个综合评估的过程。本章重点从技术角度进行讲解，希望各位读者能从技术上做到熟练掌握，信马由缰地使用各种器件。

介绍的思路是以工程实践应用为主，每个单元电路安排一节。首先，用实物图片展示，告诉大家这个射频器件长什么样，其原理和作用是什么；其次，过渡到工程实践，教大家如何看器件的参数，如何在研发设计中对这些器件进行选型；再次，向大家介绍行业中的主要厂家有哪些；最后，以一个热门消费电子产品为例，分析该产品的单元电路设计。

本章以消费电子类产品中常见射频电路来介绍。按照单元电路是否有外部供电的方式，射频电路可以分为有源（有外部供电）的和无源（无外部供电）的。

有源电路包括射频收发芯片（RF Transceiver）、功率放大器（PA）、低噪声放大器（LNA）、射频前端模块（FEM）、有源晶振、射频开关等。

无源电路包括滤波器（Filter）、双工器（Duplexer）、耦合器（Coupler）、双讯器（Diplexer）、电阻、电容、电感、天线（Antenna）、无源晶体等。

6.1　射频收发芯片（RF Transceiver）

射频电路中最核心的部分就是射频收发芯片。各种射频发射信号都起源于射频收发芯片，而各种射频接收信号也最终在射频收发芯片内部结束。所以射频收发芯片在整个射频电路中处于绝对的核心地位。

RF Transceiver 长什么样

图 6-1 所示是高通射频收发芯片 WTR1625L，这款芯片不仅在 iPhone6 Plus 手机上使用了，而且还在小米 3 等多款手机上使用。

图 6-1　高通射频收发芯片 WTR1625L

什么是射频收发芯片

射频收发芯片就是前面几章所讲的射频收发信机的核心。由于消费电子产业的高速发展，现在射频电路都已经高度集成化了，很多单元电路都集成

到 IC 芯片内部了。现在的无线通信产品基本都包含一颗或几颗射频收发 IC 芯片，无线电子产品的射频系统架构通常用射频收发芯片为核心，再搭配一些外围射频前端电路构成。

射频收发芯片在射频电路框图中的位置如图 6-2 所示，有些集成度较高的射频收发芯片甚至包含功率放大器、射频开关、低噪声放大器；而在 5G 移动通信手机射频收发芯片中还包括天线。

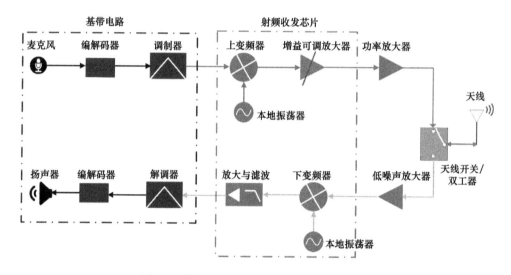

图 6-2　射频电路框图中射频收发芯片的位置

射频收发芯片的作用是什么

射频收发芯片的英文 Transceiver 由两个英文单词组合而来，即 Transmitter 和 Receiver，所以根据单词的意思就可以知道射频收发芯片能够实现发射和接收的功能，是射频收发系统的核心，完成变频、频率合成、信号放大、滤波、开关切换等功能。

射频收发芯片的关键参数有哪些

支持的工作频段（Band）：每个无线通信系统都有自己的工作频率范围，

这个频率范围就是大家常说的频段，如 2G 移动通信有 4 个频段，Wi-Fi 有 2.4 GHz 附近和 5 GHz 附近两个频段。对于射频收发芯片我们最关心的就是支持哪些工作频段。

TX（Transmitter）参数：基本和本书第 4 章介绍发射机电路时关心的参数一样，如输出功率、增益、频谱模板、调制质量、非线性产物指标、功耗等。

RX（Receiver）参数：基本和本书第 5 章介绍接收机电路时关心的参数一样，如灵敏度、动态范围、非线性产物等指标。

电源：需要几路电源，分别是多少伏。

功耗：每路电源功耗大小，总功耗大小。

控制逻辑电平：控制逻辑电压是多少。

时钟类型：时钟是多少赫兹（Hz）的，是无源晶体还是有源晶振。

接口类型：和处理器或 MODEM 的通信接口是什么。

如何对射频收发芯片进行选型

通常射频收发芯片和处理器或 MODEM、电源管理芯片等作为一整套方案（常称为"套片"），而一个平台（指处理器）的套片是固定的，选定了平台也就确定了射频收发芯片。有时候为了实现差异化会把射频收发芯片替换成其他型号，从技术的角度考虑，在选型时需要全面仔细评估上面列举的全部参数。

工作频段

工作频段或频率范围是首先要关注的内容，需要根据所要设计的项目的规格要求，评估射频收发芯片支持的频段是否满足项目的要求。

TX 参数

射频收发芯片在各频段上的输出功率，如最大输出功率是多少。系统最大输出功率由这样几部分决定：射频收发芯片最大输出功率，功率放大器（PA）的放大增益，以及其他电路带来的损耗。因此，射频收发芯片最大输出功率影响到后面 PA 增益的选择。另外，也影响到 PA 最大输入功率的选择，PA 的最大输入功率必须低于射频收发芯片最大输出功率，否则会导致 PA 因输入功率过大而进入饱和状态，严重时可能烧毁 PA。

频谱模板。射频收发芯片输出信号的频谱性能，除正常的输出频谱模板外，针对不同的无线通信标准有不同的考量，如 WCDMA 和 LTE 的 ACLR、CDMA 的 ACPR、GSM 系统的调制谱和开关谱等。通常要求这些信道外的频谱衰减得越小越好。

调制质量。衡量射频收发芯片调制质量的性能指标有 EVM、相位误差等指标，希望这些调制变异量越小越好。

非线性产物指标。非线性产物指标用于衡量射频收发芯片的非线性，如前面所说，射频系统或电路在大多数情况下并不是工作在严格的线性状态，而是工作在近似线性的状态，因此就会有非线性产物产生，如谐波、杂散、交调、互调等。我们通常希望谐波、杂散越小越好，具有合适的 $P_{1\,\mathrm{dB}}$ 和 OIP3。

各端口的阻抗。射频信号都有阻抗大小要求，相关信号端口都有输入输出阻抗，需要了解各端口的阻抗值，以便进行射频前端电路的设计。

另外，还要注意载波抑制和镜像抑制的能力。

RX 参数

噪声系数（NF）：在本书 5.4 节中我们已着重介绍了噪声系数 NF 的含义、公式、重要性，对于接收机来说，NF 越小越好。

灵敏度：同样从本书 5.4 节中可知，我们希望灵敏度越高越好。

最大输入功率：是接收机能接收的最大功率，根据不同的通信标准进行选择和衡量。

接收机增益：也就是接收机的放大性能，现代接收机 LNA 的实现并不一定是一个固定增益，很多时候是几个可以动态调整的增益，根据项目要求选择合适的增益，从而实现相应的灵敏度。

线性度：如本书 5.4 节所讲，一般用 $P_{1\,dB}$ 和 IIP3 来衡量。

端口阻抗：同 TX 参数一样，也需要关注端口阻抗。

抗干扰能力：主要考虑阻塞、邻近信道抑制、抗 TX 噪声能力等指标。

除以上参数外，还应该特别关注电源、功耗（尽可能低）、时钟类型、控制接口、逻辑电平等系统性指标。

射频收发芯片厂商介绍

射频收发芯片厂商，通常就是平台（Platform）厂商，也是一整套方案的提供者，这样可以搭配相应的基带处理器。

手机平台厂商

手机平台厂商在近 5 年完成了大洗牌，目前主要厂商有高通公司（Qualcomm）、联发科技股份有限公司（MediaTek.Inc，MTK）、华为海思半导体有限公司（简称华为海思）、紫光展锐科技（原展讯通信，简称紫光展锐）、三星公司，另外有北京松果电子有限公司（小米全资公司，技术源自联芯科技有限公司）。目前，高通公司位居芯片提供商的首位，而且它也是高端方案的提供者；MTK 因为其芯片性价比高，在中低端市场较有优势；紫光展锐主要集中在低端产品；华为海思和三星主要服务于自己的手机产品；松果电子在2017 年发布过一款手机处理器（澎湃 S1）后再无新品。

Wi-Fi 厂商

Wi-Fi 的主流厂商有美国高通创锐讯（Qualcomm Atheros）、美国博通公司（Broadcom Corporation）、联发科技股份有限公司（MTK）和瑞昱半导体公司（Realtek Semiconductor Corporation），以上几家公司占据市场的绝对份额。博通公司在 Wi-Fi 领域的地位相当强大，历史悠久，虽然被安华高科技（Avago Technologies）收购还是依然牢牢占据市场地位；高通公司收购 Atheros 公司后使其在 Wi-Fi 领域成为高端方案的代表；MTK 通过收购雷凌科技股份有限公司（Ralink Technology Corporation）后成为中低端 Wi-Fi 的代表；瑞昱半导体公司主要提供超低端方案；宽腾达通讯有限公司（Quantenna）凭借 802.11ac WAVE2.0 的先发优势，占据高端芯片的一席之地；另外，还有英特尔公司（Intel Corporation）、以色列 Celeno Communications 公司、美满电子科技公司（Marvell）等厂商。

NB-IoT 厂商

NB-IoT 的主要厂商有华为海思（型号有 Hi2110、Hi2115 等）、高通公司（型号有 MDM9206、MDM9207-1 等）、MTK（型号有 MT2625 等）、紫光展锐科技有限公司（原 RDA 公司的 RDA8909、RDA8910 等）、深圳市中兴微电子技术有限公司（简称"中兴微电子"）（型号有 Wisefone7100 等）、英特尔公司（型号有 XMM7115、XMM7315 等）等厂商，其中华为海思推出的 NB-IoT 产品较早，也较为成熟，市场占有率较高。

LoRa 厂商

LoRa 芯片厂商原本只有一家——Semtech 公司，由于芯片厂商的垄断影响到了产业的发展，因此 Semtech 公司开始主动改变 LoRa 生态不良的局面，先后授权 IP 给意法半导体（STMicroelectronics，ST）和阿里云 IoT 平台，除此之外还把晶圆授权给美国微芯科技公司（Microchip Technology Incorporated）、群登科技股份有限公司。因此，这些公司也能够推出相关芯片或模块。

ZigBee 厂商

ZigBee 厂商经过几年来的大洗牌后，目前主要有德州仪器（Texas Instruments，TI）、恩智浦半导体（NXP Semiconductors，NXP）、芯科科技（Silicon Labs）、爱特梅尔（Atmel）等公司。其中 TI 公司从开始就占据主要地位，其 CC2530 芯片使用已有 10 多年，目前还是主流方案；NXP 通过收购飞思卡尔半导体（Freescale Semiconductor）和 Jennic 两家公司后也占据重要地位。

蓝牙（Bluetooth）厂商

一般手机平台厂商都有专门的蓝牙芯片来搭配手机方案，单独的蓝牙芯片厂商有：历史悠久的英国 CSR 公司在蓝牙行业提供顶级的蓝牙方案，该公司已于 2015 年被美国高通公司以 24 亿美元的价格收购；其他方案厂商有美国 TI、德国 Dialog、意法半导体（ST）、我国的珠海炬力等。有些单片机厂商的单片机也集成了蓝牙功能，如北欧集成电路公司（Nordic Semiconductor）。

热门产品介绍

WTR1625L 在本书中被多次拿来举例，之所以用手机射频收发芯片作为例子分析，因为手机作为当今无线通信领域最火热的产品，同时也是技术含量最高的产品，其射频收发芯片的技术同样是既丰富又高深，如果熟练掌握和使用手机射频收发芯片，建立起来的技术基础足以应付其他任何领域的起步或转型。

WTR1625L 是一个高度集成的 CMOS 工艺射频收发芯片。在使用时搭配 WFR1620 接收芯片，支持多频段、多模式的 LTE 载波聚合（CA）技术，而且该套方案有一些支持平台。

MSM8974 平台

MSM8974 平台搭配套片如下：

MSM8974 MODEM IC；

PM8841 和 PM8941 电源管理 IC；

高通技术公司（Qualcomm Technologies Inc，QTI）射频前端芯片，如 FE1100、QFE1520、QFE1550，可提供 PA 供电效率、天线调谐等优化功能；

WCD9320 音频编解码芯片；

WCN3660/WCN3680 包含 Wi-Fi、Bluetooth、FM 在内的无线芯片。

MDM9x25M 平台

MDM 一般在数据业务终端中使用，如无线网卡、Mi-Fi 产品等。MSM 是针对手机的，不过现在的区分也不明显了，搭配套片如下：

MDM9x25M/MDM9x25/MDM8225；

PM8019 电源管理 IC；

QTI 射频前端芯片，如 QFE1100、QFE1520、QFE1550 等；

WCD9320 音频编解码芯片；

AR6003 或 AR6004 Wi-Fi 芯片。

WTR1625L 内部框图如图 6-3 所示。

从图 6-3 中可以看到一颗射频收发芯片支持移动网络的发射、主接收、分集接收、GPS 接收功能，可以支持非常多的频段，功能比较强大，具体频段见表 6-1，表中"X"表示芯片支持该频段或协议，"—"表示不支持。

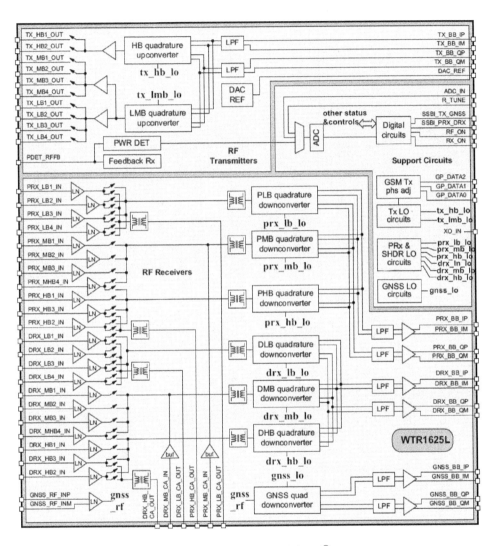

图 6-3　WTR1625L 内部框图 [①]

_____

① 图来源于 WTR1625L 芯片规格书。

表 6-1　WTR1625L 支持的频段

| 频段 | 频段指配 | | | 空中接口支持 | | | | | | | |
| | | | | | 3GPP2 | | | 3GPP | | | |
频段	GSM	3GPP2 Band class	3GPP Band	GSM	1x/DOrA	DOrB	WCDMA	HSPA+, etc	TD-SCDMA	LTE FDD (WTR1625L only)	LTE TDO (WTR1625L only)
IMT(2100)	GSM	6	1	—	X	X	X	X	—	X	—
PCS(1900)	GSM-1900	1	2	X	X	X	X	X	—	X	—
DCS(1800)	GSM-1800		3	X	—	—	X	X	—	X	—
AWS		15	4	—	X	—	X	X	—	X	—
CELL(850)	GSM-850	0	5	X	X	X	X	X	—	X	—
JCELL(800)			6	—	—	—	X	X	—	X	—
IMT-E(2600)			7	—	—	—	—	—	—	X	—
EGSM(900)	GSM-900		8	X	—	—	X	X	—	X	—
J1700(1700)			9	—	—	—	X	X	—	X	—
EAWS			10	—	—	—	X	X	—	X	—
PDC(1500)			11	—	—	—	X	X	—	X	—
700 MHz lower A–C blocks			12							X	—
700 MHz upper C blocks			13							X	—
700 MHz upper D blocks			14							X	—
700 MHz lower B–C blocks			17							X	—
B18			18							X	—

（续表）

| 频段 | 频段指配 | | | 空中接口支持 | | | | | | | |
| | GSM | 3GPP2 Band class | 3GPP Band | 3GPP2 | | | WCDMA | HSPA+, etc | TD-SCDMA | 3GPP | |
				GSM	1x/DOrA	DOrB				LTE FDD (WTR1625L only)	LTE TDO (WTR1625L only)
B19			19	—	—	—	X	X	—	X	—
DD800/E800			20	—	—	—	—	—	—	X	—
PDC			21	—	—	—	X	X	—	X	—
ATC-MSS (S Band)			23	—	—	—	—	—	—	X	—
ATC-MSS (L Band)			24	—	—	—	—	—	—	X	—
PCS+G(E1900)		14	25	—	X	—	X	X	—	X	—
B26			26	—	—	—	—	—	—	X	—
A700			28	—	—	—	—	—	—	X	—
B34			34	—	—	—	—	—	X	—	X
B38			38	—	—	—	—	—	—	—	X
B39			39	—	—	—	—	—	X	—	X
B40			40	—	—	—	—	—	X	—	X
B41 &B41-XGP			41	—	—	—	—	—	—	—	X
BC0 SC3		0 SC3		—	X	X	—	—	—	—	—
KPCS		4		—	X	X	—	—	—	—	—
Secondary 800		10		—	X	—	—	—	—	—	—
FLO			B29	—	—	—	—	—	—	X	—

🪙 实战小锦囊

实际产品选型时除从技术的角度考虑外，还需要结合其他因素综合考虑。

成本：包括芯片成本，以及外围电路复杂度带来的其他成本。

技术支持：有些方案厂商的支持力度有限，会优先考虑大客户，中小客户在研发中遇到技术问题很难获得满意的支持，严重影响项目进度。

平台适配：针对处理器和射频收发芯片不是同一家公司的情况，需要有充足的证据证明在其他平台上获得过成功的应用。

采购供货：是否便于采购，以免带来供货风险。

6.2 功率放大器（PA）

功率放大器在射频电路中的地位仅次于射频收发芯片。

功率放大器长什么样

从 2018 年开始，各路由器厂商开始推出 MESH 路由器（网状网），比如美国高通公司 Dakota 平台（小米公司最新推出的 MESH 路由器就是采用了该平台）的 2G Wi-Fi 电路中使用的功率放大器，就是美国 Skyworks 公司的功率放大器产品 SKY2623L，如图 6-4 所示。

什么叫功率放大器

功率放大器（Power Amplifier，PA），简称功放，在射频电路中，功率放大器就是把弱信号进行放大，原理就是把直流供电的功率转换为交流射频信号的功率。

图 6-4 美国 Skyworks 公司的功率放大器产品 SKY2623L

功率放大器在射频电路框图中的位置如图 6-5 所示。

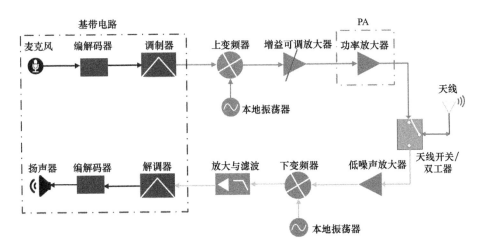

图 6-5 射频电路框图中功率放大器的位置

功率放大器的作用是什么

功率放大器在发射电路中起信号放大作用。虽然在射频收发芯片中一般都集成了一级或多级放大器，但是其输出功率还是比较有限的，常常还需要

113

增加单独的功率放大器对信号进行放大，才能保证发射出去的功率满足传输要求（比如传输距离）。随着智能手机的发展，为满足 LTE 多频段的要求，以及智能手机轻薄化的趋势，用于手机的功率放大器基本都是模块化集成的，一个模块包含几路功率放大器，同时集成了双工器，所以这种功率放大器模块也叫 PAD（PA+Duplexer）。

PA 的种类有哪些

按照工作状态分类（电流导通角），功率放大器可以分为 7 种：A 类、B 类、AB 类、C 类、D 类、E 类、F 类，各种放大器的特点见表 6-2。

表 6-2　各种放大器的特点

参数种类	功率放大器类型						
	A 类	AB 类	B 类	C 类	D 类	E 类	F 类
工作模式	电流源	电流源	电流源	电流源	开关	开关	开关
导通角	2π	$\pi \sim 2\pi$	π	$0 \sim \pi$	π	π	π
输出功率	中	中	中	小	大	大	大
理论效率	50%	50% ~ 78.5%	78.5%	78.5% ~ 100%	100%	100%	100%
典型效率	35%	35% ~ 60%	60%	80%	80%	90%	80%
增益	高	中	中	低	低	低	低
线性	线性	线性	线性	非线性	非线性	非线性	非线性

按照制造工艺分类，功率放大器目前常用的工艺可以归类为 4 种：砷化镓（GaAs）、氮化镓（GaN）、锗化硅（SiGe）、互补金属氧化物半导体（CMOS）。在射频功率放大器领域，GaAs 工艺仍然占据主流地位。目前常用的功率放大器的优缺点见表 6-3。

表 6-3　目前常用的功率放大器的优缺点

项目	功率放大器类型			
	GaAs	SiGe	GaN	CMOS
优点	高速、高频、大功率、低噪声系数	高频、材料安全、导热性好、集成度高、成本有优势	更高的效率、更大的带宽、更高的击穿电压、高功率密度、高导热	便于和其他电路高度集成、成本低

（续表）

项目	功率放大器类型			
	GaAs	SiGe	GaN	CMOS
缺点	成本稍高、材料不安全、工艺要求较高	击穿电压低、截止频率低、功耗大	成本较高、工艺要求较高、良率低	高噪声、高功耗、击穿电压低、散热性差、线性度差、效率低
应用	广泛应用于移动通信领域	主要应用于 Wi-Fi、雷达等	主要应用于高频、高功率，如军事、基站、微波、毫米波	主要应用于低功率领域，如蓝牙、ZigBee 等

功率放大器的关键参数有哪些

功率放大器的关键参数比较多，下面分别进行介绍。

工作频率：功率放大器的工作频率是指满足功率放大器各项指标的频率范围，通常也称为工作频段。

功率：功率放大器的功率一般包括输入功率（P_{in}）、输出功率（P_{out}）。

增益：功率放大器的增益，也就是放大倍数（P_{out}/P_{in}），通常用分贝（dB）表示。增益平坦度（ΔG）是指在一定温度下整个工作频率范围内增益变化的范围。其计算公式如下：

$$\Delta G = \pm（G_{max} - G_{min}）/2 \tag{6-1}$$

非线性：功率放大器的非线性参数主要用 1 dB 压缩点来衡量。对于线性功率放大器来说，通常功率放大器的输出功率和输入功率满足线性关系，随着功率继续增大，放大器进入非线性区间，输出功率不再满足线性增加。当增益下降到比线性增益低 1 dB 时的输出功率被定义为 1 dB 压缩点，用 $P_{1\,dB}$ 表示。1 dB 压缩点示意图如图 6-6 所示。

阻抗：常用的 PA 阻抗参数有输入阻抗（输入端口）、输出阻抗（输出端口）、驻波比（VSWR）等。阻抗是射频电路最为关键的因素，关于阻抗的详

细介绍参考本书第 7 章的讲解。

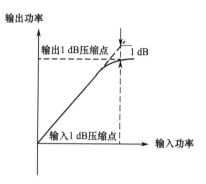

图 6-6　1 dB 压缩点示意图

电源：功率放大器的主要电源参数有工作电压、工作电流、功耗、效率（η）等。其中效率 η 是指射频放大器输出功率与直流供电功率的比值，其计算公式如下：

$$\eta = \frac{P_{\mathrm{O}}}{P_{\mathrm{DC}}} \times 100\% \tag{6-2}$$

式中，P_{O} 为电源输出到负载的输出功率，P_{DC} 为放大器直流电源消耗的功率。

控制接口、电平、逻辑：首先，控制信号接口是否和射频收发芯片或 MODEM 的 I/O 接口一致；其次，PA 的控制电平和射频收发芯片或 MODEM 的电平是否一致；最后，看看控制逻辑表（True Table，控制功率放大器的开关、频段、增益的逻辑）和射频收发芯片或 MODEM 的驱动配置是否一致。

如何进行功率放大器选型

功率放大器选型主要根据功率放大器的关键参数进行判断。

工作频段：首先根据产品需要支持的频段选择功率放大器的工作频段，也就是选择相应频段的功率放大器。有时候一个产品支持多个频段，此时可以根据成本、PCB 尺寸、技术难度等综合因素进行评估，是需要集成多个频段的功率放大器，还是每个频段单独使用一个功率放大器。

　　功率：首先，评估功率放大器的最大输出功率，即根据产品最大输出功率的要求评估功率放大器的最大输出功率，从而满足项目对最大输出功率的要求。其次，评估功率放大器的最大输入功率，根据射频收发芯片输出端口的功率来评估功率放大器的输入功率，确保功率放大器输入功率不饱和。

　　增益：根据射频收发芯片输出端口的输出功率、产品最大输出功率来评估功率放大器的增益，确保功率放大器的增益能够满足产品输出功率的要求。

　　非线性：非线性是对电路和信号有害的产物，因此功率放大器非线性产物的指标越小越好。

　　阻抗：根据射频收发芯片端口阻抗选择功率放大器需要的阻抗，合适的VSWR。

　　电源：首先，评估功率放大器的工作电压，即根据产品电源的整体规划、转换效率、成本等，选择相应的功率放大器电压；其次，评估功率放大器的功耗，相同输出功率下，功率放大器的功耗越低越好，因此尽量选择低功耗的功率放大器。

　　控制接口：控制接口是指射频收发芯片和功率放大器进行通信或控制时的接口，比如目前智能手机的控制接口一般是 MIPI 类型接口，相应的 PA 也需要支持 MIPI 接口。首先，评估接口类型。其次，关注功率放大器的逻辑控制表。逻辑控制表又叫真值表，是指射频收发芯片控制功率放大器各种状态的逻辑表，需要确保和射频收发芯片的要求一致。最后，还需要关注接口电平，尽量选择和射频收发芯片接口电平一致的功率放大器，避免电平转换。

　　除了以上介绍的通用性参数，对于不同的通信系统，还会有针对性的参数指标要求，功率放大器规格里会重点给出。比如，用于 Wi-Fi 产品的功率放大器，在选型时要充分重视 EVM 指标。对于 3G 或 LTE 产品的功率放大器，

需要充分重视相邻信道泄漏比（ACLR）指标，同时还要重视功耗。

选择功率放大器的关键是如何在满足所需输出功率的同时，保证尽可能低的非线性产物，以及尽可能低的功耗。

功率放大器厂商有哪些

近年来半导体厂商经历了非常剧烈的洗牌，很多老牌厂商被收购，与此同时，国产功率放大器厂商经过十多年的发展后已经取得很大的进步，开始被国内公司认可。

移动通信领域的功率放大器厂商

移动通信领域的功率放大器厂商经历剧烈的洗牌，像 3G 功率放大器的开创者 ANADIGCS 几乎十年前就开始掉队了，沦落到 2016 年被收购的命运。目前的主流厂商有 Broadcom（AVAGO）、Qorvo（TriQuint+ RFMD）、Skyworks 等。TriQuint 和 Skyworks 公司是 2G 时代的双雄；AVAGO 是 3G 时代的霸主，凭借在 3G 时代强大的实力，最终把 Broadcom 收购了，但是 AVAGO 却将公司名字改成了 Broadcom Limited，也就是现在的 Broadcom；RFMD 在十几年前就沦为将要被收购的地步了。近年来随着手机的巨大发展，国内功率放大器厂商也取得巨大的进步，目前国内主要厂商有 RDA（于 2013 年被紫光收购）、中普微、中科汉天下、国民飞骧等，这些国内功率放大器厂商的产品开始被国内设计公司认可，并已应用在一些产品中。

Wi-Fi 领域功率放大器厂商

目前，美国 Skyworks 公司是 Wi-Fi 领域 PA 厂商中占绝对优势的公司。近年来，Skyworks 公司先后完成对 SiGe、ANADIGCS 等公司的收购，使得 Skyworks 公司在该领域取得近乎垄断的地位，但其收购的脚步仍然没有停止。目前仅有 Qorvo（原 RFMD 公司，TriQuint 对其收购后两家公司合并为 Qorvo）勉强能够和 Skyworks 竞争。另外，还有我国台湾的 RichWave，在该领域中也占有一定的市场份额。

其他领域功率放大器厂商

物联网、导航通信、近距离传输通信等领域的 PA 厂商此处就不详细介绍了，这些领域的厂商通常都来自上面介绍的移动通信及 Wi-Fi 领域。

热门产品举例

从 2017 年以来，物联网行业又迎来一轮高速发展，作为物联网通信新兴技术之一的 NB-IoT 技术近几年非常火热，大有成为物联网主流标准的势头。这里以在 NB-IoT 产品中广泛使用的 RFMD 公司（现为 Qorvo 公司）的 RF3628 为例进行介绍。

RF3628 是一颗宽频段线性 PA，原本专门为 WCDMA 通信系统的移动设备而设计的，支持 Band1（1920 ～ 1980 MHz）、Band2（1850 ～ 1910 MHz）、Band5（824 ～ 849 MHz）和 Band8（880 ～ 915 MHz），同时支持 HSDPA、HSUPA 和 HSUPA+。该功率放大器支持双路输入和双路输出，且具有高功率、高效率的优点（该优点在物联网产品中尤为重要）。为了更好地优化性能和电流，该功率放大器支持高功率和低功率两种放大模式。此外，该功率放大器还集成了定向耦合器（参见本书 6.9 节），采用 3 mm×4.2 mm 的超小型封装。

RF3628 内部框图如图 6-7 所示。

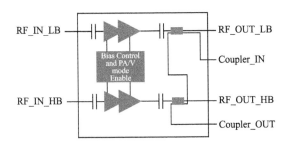

图 6-7　RF3628 内部框图

RF3628本身支持4个频段，这里仅介绍Band5（824～849 MHz）的部分电气性能参数，见表6-4。

表6-4　RF3628在Band5的部分电气性能参数 [①]

参　数	符　号	测 试 条 件	最小值	典型值	最小值	单位
频率范围	f		824		849	MHz
增益	G	HPM，P_{out} = 27.5 dBm，V_{CC} = 3.4 V	25	28	31	dB
		LPM，P_{out} = 7 dBm，V_{CC} = 0.8 V	14	17	20	dB
增益平坦度	ΔG	HPM，19 dBm ≤ P_{out} ≤ 27.5 dBm，V_{CC} = 3.4 V	−0.5		−0.5	dB
相邻信道泄漏比 −5 MHz	ACLR −5 MHz	HPM，P_{out} = 27.5 dBm，V_{CC} = 3.4 V		−43	−37	dBc
		LPM，P_{out} = 7 dBm，V_{CC} = 0.8 V		−43	−37	
相邻信道泄漏比 −10 MHz	ACLR −10 MHz	HPM，P_{out} = 27.5 dBm，V_{CC} = 3.4 V		−55	−48	dBc
		LPM，P_{out} = 7 dBm，V_{CC} = 0.8 V		−59	−48	
效率	PAE	HPM，P_{out} = 27.5 dBm，V_{CC} = 3.4 V		42		%
		LPM，P_{out} = 7 dBm，V_{CC} = 0.8 V		11		
放大器消耗电流		HPM，P_{out} = 27.5 dBm，V_{CC} = 3.4 V		420		mA
		LPM，P_{out} = 7 dBm，V_{CC} = 0.8 V		50		
输入阻抗		没有外部匹配，P_{out} ≤ 27.5 dBm		1.4:1	2:1	VSWR
二次谐波	$2f_0$	P_{out} ≤ 27.5 dBm，两种模式下		−42	−32.5	dBc
三次谐波	$3f_0$	P_{out} ≤ 27.5 dBm，两种模式下		−46	−42.5	dBc
直流使能时间		VEN 从高电平到空闲状态		10		μs
上升和下降时间	T_r, T_f	P_{out} ≤ 27.5 dBm，两种模式下		6		μs
负载输出稳定度（杂散）		P_{out} ≤ 27.5 dBm，所有情况下，负载 VSWR ≤ 8:1		−70		dBc
可靠性		P_{out} ≤ 27.5 dBm，所有情况下，负载 VSWR ≤ 10:1		无损害		

从前面的介绍可以看出 RF3628 具有以下优点：

---

① 表格来源于RF3628芯片规格书。

○ 宽频段：从中频段到高频段，有 4 个频段可选。

○ 高效率：提供高功率和低功率两种模式优化性能和效率。

○ 低电压：电源电压典型值为 3.6 V，V_{CC} 最低电压低至 0.8 V。

○ 极端温度：−30℃到 85℃的工作温度范围。

○ 小尺寸：3 mm×4.2 mm 封装面积。

这些优点正是物联网产品在设计时需要考虑的要点，因此该 PA 在 NB-IoT 产品中获得广泛使用。

图 6-8 是采用 RF3628 功率放大器的单元电路设计，该电路原理图选自一个 NB-IoT 通信模块，该模块采用华为海思 Hi2115 平台设计。

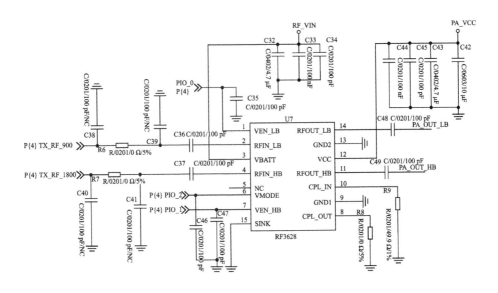

图 6-8　RF3628 在 NB-IoT 电路中的原理图

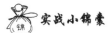 实战小锦囊

需要充分认识降低功率放大器功耗的重要性。

对于移动产品，如手机等，由于功能越来越复杂，屏幕越来越大，这些本身就带来了很高的功耗，而射频电路中的功耗大户是功率放大器，所以一定要重视功率放大器的功耗，并且功耗还会带来发热问题，发热也会引起许多问题。

对于长期插电的产品（如路由器、音箱），原来并不怎么关心功耗，随着 IEEE 802.11 ac 技术的普及，MIMO 数量的增加，多路功率放大器产生的功耗同样相当惊人，也带来诸如"成本""散热"等问题。

对于物联网产品，低功耗是物联网产品的天然要求，因此必须尽可能降低功耗。

对于 5G 产品，更大的运算能力和数据速率带来更高的功耗，由此带来的续航和散热问题是一项挑战。

6.3　低噪声放大器（LNA）

低噪声放大器（Low Noise Amplifier，LNA）的作用和功率放大器相对应，功率放大器用于 TX（发射）通路信号的放大，低噪声放大器用于 RX（接收）通路信号的放大。在射频电路中，不仅发射信号需要放大，接收信号更需要放大，低噪声放大器专门用于接收电路的信号放大。

低噪声放大器长什么样

图 6-9 所示的方框内是 iPhone6 Plus 手机 GPS 电路的低噪声放大器（SKY65746-14）。

什么是低噪声放大器

低噪声放大器，是指噪声系数很低的放大器。一般用作各类无线电接收

机的高频或中频前置放大器，以及高灵敏度电子探测设备的放大电路。在放大
微弱信号的地方，放大器自身的噪声对信号的干扰可能很严重，因此希望减小
这种噪声，以提高输出的信噪比。

图 6-9 iPhone6 Plus GPS 的低噪声放大器

前面我们讲到接收机的关键能力就是接收微弱的信号，也就是具备较高
的灵敏度。对于接收机来说，从天线上接收的信号非常弱，必须对信号进行
放大，这个放大的关键任务就是由低噪声放大器来实现的。根据灵敏度计算公
式（5-1）可以知道，决定灵敏度最关键的器件就是低噪声放大器，低噪声放
大器需要尽可能低的噪声系数，低噪声放大器的名字就是这么得来的。所谓噪
声系数就是输入信噪比除以输出信噪比的对数表示，即

$$NF = 10 \lg F \qquad (6\text{-}3)$$

$$F = SNR_{in} / SNR_{out} \qquad (6\text{-}4)$$

随着 IC 的集成度越来越高，很多射频系统的低噪声放大器已经集成在射
频收发芯片里了，比如：手机的 2G、3G、4G 射频电路，低噪声放大器已经
集成进去了；蓝牙电路也集成进去了，而 GPS 电路由于灵敏度非常高，所以
需要外加低噪声放大器；Wi-Fi 射频收发电路也集成有低噪声放大器，不过根

据项目需要很多也是需要在外面再加低噪声放大器的。

射频电路框图中低噪声放大器（LNA）的位置如图 6-10 所示。

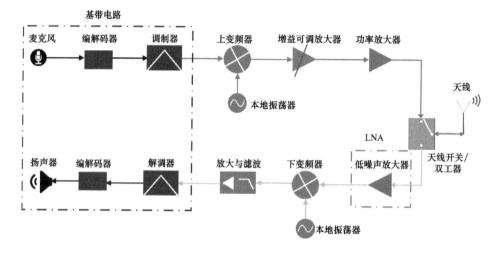

图 6-10 射频电路框图中低噪声放大器（LNA）的位置

低噪声放大器的作用是什么

首先低噪声放大器就是一个射频功率放大器（和功率放大器一样），实现对射频弱信号的放大功能，只不过是用在 RX 电路上，所以有低噪声的独特性，也就是尽可能低地引入系统噪声，从而提高灵敏度。

低噪声放大器的关键参数有哪些

既然低噪声放大器属于功率放大器，那么前面讲的功率放大器的参数对低噪声放大器也是同样适用的。除此之外要关注噪声系数（Noise Figure，NF），详细分析参见本书 5.4 节的灵敏度部分。最后注意和动态范围相关的 IIP3、$P_{1\,dB}$（参见本书 5.4 节）。

如何对低噪声放大器进行选型

对低噪声放大器选型，和功率放大器选型时关注的参数基本一样，只是多了两个需要重点关注的参数，即噪声系数（NF）和动态范围。

工作频段：根据产品或项目规定的频段要求，选择低噪声放大器的工作频段。

增益：根据产品或项目灵敏度的要求选择合适的增益（过大的增益会导致后级放大器或混频器饱和，过小的增益无法抑制系统噪声）。

噪声系数：根据灵敏度计算公式（5-1）可知，噪声系数越低，灵敏度就越高，因此，从性能的角度考虑，应选择噪声系数尽可能低的低噪声放大器。不过，除了考虑性能外还要兼顾成本。

动态范围（IIP3、$P_{1\,dB}$）：根据灵敏度和接收机最大输入电平的要求，应选择合适动态范围的 LNA，通常动态范围用 IIP3、$P_{1\,dB}$ 来衡量。

输入输出驻波比：输入输出驻波比表征了输入输出的匹配情况。在低噪声放大器电路设计中，输入匹配是为了获得最佳噪声，而输出匹配是为了获得最大功率，所以输入和输出之间总是存在某种程度的失配。

隔离度：通常是指输入和输出的隔离度，从性能的角度考虑，隔离度越高越好。

功耗：为了接收信号，低噪声放大器在电路中处于一直工作的状态，所以要特别关注 LNA 的功耗，需要它的功耗尽可能低。

低噪声放大器厂商有哪些

如上面所讲，从广义上理解，低噪声放大器其实也是功率放大器，只不过具有特殊的低噪声系数，所以传统的功率放大器厂商同时也是低噪声放大器厂商。在移动通信领域，射频收发芯片内部集成低噪声放大器，基本不需要外

置低噪声放大器。目前卫星导航通信领域应用低噪声放大器比较多（如 GPS），其次是 Wi-Fi 产品，并且在 Wi-Fi 产品上一些厂商的三极管的性价比很高，所以很多产品都采用三极管来搭建低噪声放大器，比如英飞凌的 BF776 等。

热门产品举例

接下来以一个智能手机的 GPS 电路的低噪声放大器作为例子进行介绍。下面以上海韦尔半导体公司（WillSemi）的 WS7916S 为例。WS7916S 是一颗高增益低噪声系数的低噪声放大器，专门为 GPS、GLONASS、北斗、伽利略等导航系统设计的，具有非常低的噪声系数（0.65 dB @1575.42 MHz）。WS7916S 有 2.8V 和 1.8V 两种工作电压，下面仅介绍 2.8V 电压下的部分参数，见表 6-5。

表 6-5 WS7916S 低噪声放大器的部分参数 [1]

参　　数	条　　件	最小值	典型值	最大值	单　位
频率范围		1550	1575.42	1615	MHz
功率增益	f= 1575 MHz		16.5		dB
噪声系数	f= 1575 MHz		0.65		dB
输入回波损耗	f= 1575 MHz		8		dB
输出回波损耗	f= 1575 MHz		13		dB
反向隔离度	f= 1575 MHz		24		dB
1 dB 压缩点	f= 1575 MHz		−5.5		dBm
输出三阶交调截取点	f= 1575 MHz		+8.0		dBm
电流	低噪声放大器处于打开状态		6.9		mA

图 6-11 是采用 WS7916S 设计的智能手机 GPS 单元电路原理图。左边 GPS_IN 信号是从天线上接收下来的微弱的 GPS 信号，经过 F301 带通滤波器滤除带外干扰，然后传输到 LNA 进行低噪声放大，放大后的信号再通过一个带通滤波器 F302 滤波，并完成单端转差分后传输到射频收发芯片进行变频、滤波等处理。

---

① 表格中的数据来源于 WS7916S 规格书。

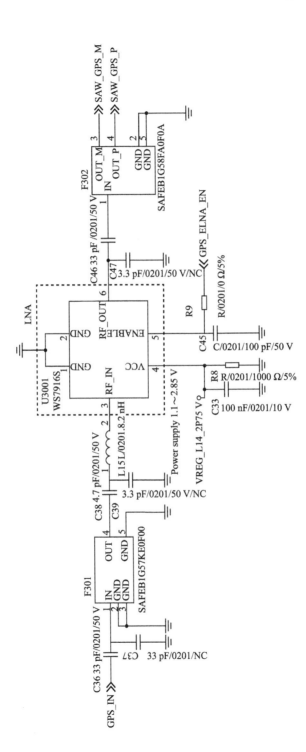

图 6-11　WS7916S 在智能手机 GPS 电路中的原理图

127

6.4 射频前端模块（FEM）

在射频电路中，有些电路不但可以用于发射电路，也可以用于接收电路，同时还兼具其他功能，比如射频前端模块（FEM）就是如此。射频前端模块既可以像功率放大器一样用于发射信号的放大（有时取代功率放大器），又可以像低噪声放大器一样用于接收信号的放大（有时取代低噪声放大器），同时还可以集成射频开关、滤波器等单元电路，可以说是"多才多艺的"的电路。

射频前端模块长什么样

图 6-12 所示是一些常见的射频前端模块封装图。

图 6-12　常见的射频前端模块封装图

什么是射频前端模块

前端模块，在射频电路中常称为"射频前端模块"。射频前端模块就是包含了一些射频前端电路的模块，具体包含了 Switch +Filter 的射频前端模块、Switch+LNA 的射频前端模块、Switch+LNA+PA 的射频前端模块等。这是为了满足产品轻便化、IC 集成度越来越高的需求。这种趋势在 5G 时代将越发明显，由于 5G 的电路复杂度增加，再加上需要考虑后向兼容（2G、3G、4G），所以前端电路数量众多，为了降低整机的研发难度，平台厂商已经开始把很多前端电路进行封装集成。比如，2019 年 2 月 19 日高通公司发布 5G 基带芯片 X55 方案的同时，也发布了毫米波射频前端模块 QTM525，该模块包括射频收发、功率放大器等前端电路，同时还集成了天线阵列。

射频前端模块（FEM）在射频电路框图中的大致位置如图 6-13 所示。

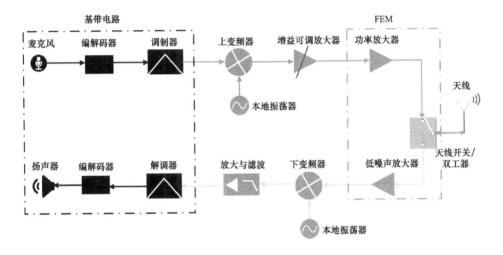

图 6-13　射频电路框图中射频前端模块（FEM）的大致位置

射频前端模块的作用是什么

射频前端模块包含了若干个单元电路，它的作用就是实现内部所包含电路的所有功能，只不过把这些功能电路集成到一个 IC 上来实现。因此射频前端模块的功能相当强大，既可以实现功率放大器的放大，又可以实现低噪声放大器的放大，也可以具有开关和滤波器等前端电路的作用。

射频前端模块的关键参数有哪些

因为包含了若干单元电路，所以射频前端模块的参数就是这些单元电路参数的汇总，如功率放大器、低噪声放大器、射频开关（Switch）、滤波器（Filter）等，具体参数参见前面功率放大器、低噪声放大器，以及后面要讲的

相关章节。

如何对射频前端模块进行选型

因为射频前端模块分别包含了若干单元电路的器件，所以在选型时就需要分别考虑相关单元电路的性能参数，同时又要综合考虑各单元电路的影响。比如，包含了功率放大器、低噪声放大器、射频开关的射频前端模块，除了分别评估功率放大器、低噪声放大器、射频开关的参数，还需要额外考虑功率放大器和低噪声放大器端口之间的隔离度（发射和接收之间的隔离度）。总之，射频前端模块的选型需要综合考虑各个器件的性能参数。

射频前端模块的厂商有哪些

由于射频前端模块是若干单元电路的集成，所以前面讲的功率放大器、低噪声放大器厂商都是射频前端模块厂商。这里介绍一个射频前端电路的主流厂商——日本 Murata，该公司在无源器件（接下来要介绍的滤波器、双工器等）领域是领导者，由于射频前端模块里通常集成有开关电路，而开关也是 Murata 的传统强项，在 3G 时代，Murata 曾经占据射频前端模块的主导地位。另外，还有爱普科斯（EPCOS），该公司同样是无源器件的实力厂商。

热门产品举例

下面以最近两年火热的 NB-IoT 相关电路中使用的美国 Skyworks 的射频前端模块产品 SKY68001-11 作为例子。SKY68001-11 是一颗支持 LTE Cat0/CatM1/NB-IoT 平台的射频前端模块，内部集成了 RX Filter、宽频段功率放大器、TX 谐波滤波器、天线开关。该模块可以支持以下频段。

低频段为：Band5/Band8/Band12/Band13/Band17/Band18/Band19/Band20/Band26。

中频段为：Band1/Band2/Band3/Band4/Band25/Band39/Band66。

SKY68001-11 内部框图如图 6-14 所示。

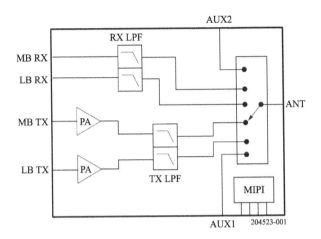

图 6-14 SKY68001-11 内部框图 [①]

SKY68001-11 的器件特性如下：

○ 成本优化的前端模块，适用于低速率应用方面。

○ 用于增强发射机效率（相对于 LTE-FDD 无线前端）的具有低损耗的功率放大器前端模块。

○ 宽频段功率放大器，支持 APT（Average Power Tracking）模式或固定的 V_{CC} 供电模式（≥ 2.85 V）。

○ 集成了抑制谐波的低通滤波器，从而符合杂散发射要求。

○ 集成了单刀六掷的天线开关。

○ 集成了接收低通滤波器，从而满足接收机带外抑制。

○ 针对 LTE 1RB 到 36RB 做了优化。

○ MIPI 控制接口，兼容 MIPI 2.0。

○ 和 SKY68001-31、SKY68011-31 管脚兼容。

---

① 图片来源于 SKY68001-11 芯片规格书。

○ 提供两个额外端口，为支持更多频段的 TX/RX 通路提供了更大的灵活性。

○ 具有功率放大器最大效率的自适应偏置方案。

○ 封装尺寸小（4 mm × 5 mm × 0.9 mm）。

○ 采用无铅工艺，符合《电气、电子设备中限制使用某些有害物质指令》标准（RoHS 标准）。

图 6-15 是基于 SKY68001-11 设计的单元电路原理图。该原理图来自采用华为海思 Hi2115 平台设计的 NB-IoT 通信模块电路。

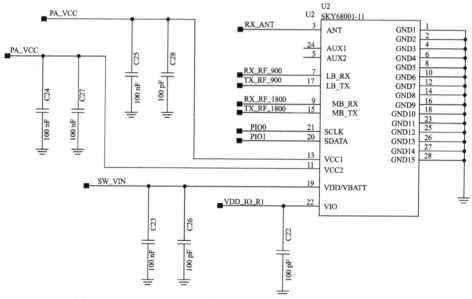

图 6-15　SKY68001-11 在华为海思 Hi2115 平台上的设计原理图

6.5　有源晶振和无源晶振

有源晶振长什么样

图 6-16 所示是各种有源晶振的图片。

图 6-16　各种有源晶振图片

什么是有源晶振

电子电路中的晶体振荡器分为有源晶振和无源晶振，有源晶振称为"振荡器"（Oscillator），无源晶振称为"晶体"（Crystal）；有源晶振需要外部供电，无源晶振不需要外部供电。晶振也有不同的类型，比如 OSC（普通钟振）、TCXO（温度补偿）、VCXO（压控）和 OCXO（恒温）等。

有源晶振的作用是什么

有源晶振可以为电路提供精确的基准时钟信号，还可以为混频器提供周期性的输入信号，即产生本地振荡（LO）信号。在发射机和接收机电路中，需要混频器对射频信号进行变频（发射电路需要上变频，接收电路需要下变频）。变频是通过把射频信号和本地振荡信号一起输入到混频器来实现的（参见本书第 4 章和第 5 章的发射机和接收机系统架构）。晶体振荡信号输入到频率合成器就生成了本地振荡信号。

有源晶振有哪些关键参数

输出频率：有源晶振的输出频率就是晶振的工作频率。

控制电压：是指控制有源晶振的电源电压。

频率稳定度（Frequency Stability）：温度、电压变化引起的频率变化量。

频率容忍度（Frequency Tolerance）：输出的频率与理想频率的差值，又叫"频率精度"。

负载电容（Load Capacitor）：输出端作为负载而并联的电容。

老化率（Aging）：常用每年老化的频率量来衡量。

工作温度：指能够保证性能的温度范围。

如何对有源晶振进行选型

对有源晶振进行选型，主要看输出频率、控制电压、频率稳定度、频率容忍度、负载电容、工作温度、老化率等参数指标。

输出频率：根据电路需要选择对应输出频率的晶振。

控制电压：对有源晶振选型时需要特别关注控制电压。

频率稳定度和容忍度：关注频率稳定度和容忍度指标，保证频率精度和稳定度符合系统要求。从性能的角度考虑，这两个参数指标需要越小越好。

负载电容：根据收发电路选择负载电容大小，通常是 pF 级的。

工作温度：工作温度的范围需要满足产品的要求。现在的电子产品需要满足在高温或低温下正常工作。

老化率：需要关注每年的老化程度。

有源晶振的厂商有哪些

有源晶振的厂商主要集中在中国和日本，表 6-6 列举了中国和日本主要的有源晶振厂商。

表6-6 主要的有源晶振厂商

国家	厂商名称	说 明
日本	爱普生（EPSON）、京瓷（KYOCERA）、大真空（KDS）、日本电波（NDK）等	EPSON在有源晶振技术方面占主导地位
中国	东光电子、东晶电子、中国电子（CEC）、应达利、唐山晶源电子、晶技（TXC）、希华（SIWARD）、鸿星（HOSONIC）、嘉硕（TAISAW）等	TXC的市场占有率很高

热门产品举例

下面以EPSON的TG-5010LH-06A芯片为例进行介绍，此产品常用作智能手机中带温度补偿的19.2 MHz的TCXO，即压控温度补偿晶体振荡器（VCTCXO）。

TG-5010LH-06A芯片技术参数见表6-7。

表6-7 TG-5010LH-06A芯片技术参数 [1]

参 数		数 值
输出频率		19.2 MHz
供电电压		直流 +2.8（1±5%）V
耗用电流		最大 1.5 mA
输出电平		最小 0.8 $V_{p\text{-}p}$（DC 耦合）
负载		10(1±10%) kΩ / 10(1±10%) pF
工作温度		−30 ～ +80℃
存储温度		−40 ～ +85℃
频率稳定度	跟温度相关	最大 ±2 ppm（−30 ～ +80℃），参考温度 +25℃
	跟电压相关	最大 ±0.3 ppm，直流 +2.8（1±5%）V
	跟负载相关	最大 ±0.2 ppm，10（1±10%）kΩ /10（1±10%）pF
	跟年限相关	每年最大 ±0.7 ppm，+25℃

---

[1] 数据来源于TG-5010LH-06A芯片规格书。

（续表）

参　数	数　值
频率稳定度斜率	最大 ±0.15 ppm/℃（−10～+60℃）
	最大 ±0.3 ppm/℃（−30～−10℃，+60～+80℃）
频率容忍度	最大 ±1.5 ppm/℃，V_{cont}=+1.4(1 ±10%) V，+25℃ ±2℃，焊接后
谐波	最大 −5 dBc

说明：ppm 为百万分之一，即 1 ppm=10^{-6}。

图 6-17 是 TG-5010LH-06A 芯片在早期智能手机电路设计中的原理图。该芯片的晶体振荡器为 WCDMA 射频收发芯片（RTR6285A）和 CDMA 射频收发芯片（RTR6500）提供振荡信号。

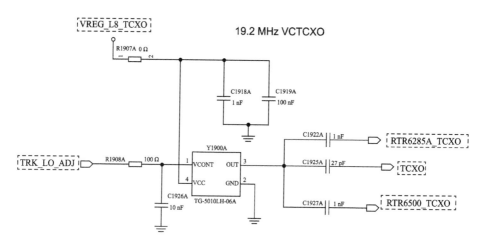

图 6-17　TG-5010LH-06A 在智能手机电路设计中的原理图

无源晶振

无源晶振和有源晶振的主要区别就是不需要外部供电，参数和选型方面几乎一样。因此，这里就不再单独介绍无源晶振了。

热门产品举例

近几年来，很多智能路由器采用 MTK 无线路由器平台设计，MTK 平台常常需要使用 40 MHz 的晶体。表 6-8 是台湾 TXC 公司的一颗 40 MHz 的晶体 7M40090012 的技术参数表。

表 6-8　7M40090012 技术参数表 [①]

序号	参　　数	符　号	电气规格				注　　释
			最小值	典型值	最大值	单位	
1	额定频率	FL		40.000000		MHz	补偿：+3 ppm
2	振荡模式			基频			
3	负载电容	CL		11		pF	
4	频率容忍度			±7 ppm		Hz	25℃ ±3℃
5	频率稳定度			±10 ppm		Hz	整个工作温度范围
6	工作温度			−20 ~ 85		℃	
7	老化率			±2 ppm		Hz	第 1 年
8	驱动水平	DL		100		μW	
9	谐振电阻	R			30	Ω	
10	静态电容	C			3	pF	
11	绝缘电容		500			MΩ	直流 100 V
12	存储温度		−40	~	85	℃	

🎒 **实战小锦囊**

　　在晶体振荡器选型时需要注意工作温度指标，在使用时也要重视高温下的性能，因为现在很多电子产品都变得非常小巧，工作时的温度一般都比较高，很多时候器件都是在高温环境下工作，所以必须保证在高温下的工作性能良好。

---

① 数据来源于7M40090012规格书。

6.6 射频开关（Switch）

射频开关用于判断 TX 和 RX 何时接通到天线，或者判断不同的频段或系统何时接通。其主要功能是判断和选择。

射频开关长什么样

图 6-18 所示是一些射频开关的外形图。

图 6-18 射频开关外形图

什么是射频开关

Switch 中文名称叫"开关"，在射频电路中通常叫"射频开关"，用在天线端口的开关又叫"天线开关"。顾名思义，射频开关是在射频电路中，用于切换射频通道的开关。天线开关，用于切换天线的开关（电路和哪一个天线接通）。

射频开关（Switch）在射频电路框图中的位置如图 6-19 所示。

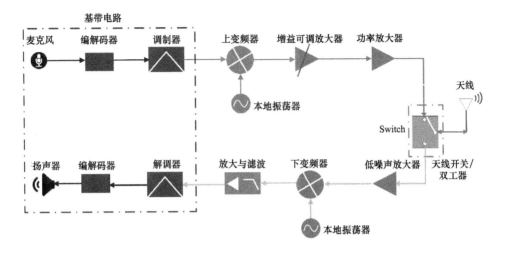

图 6-19 射频电路框图中射频开关的位置

射频开关的作用是什么

如果电路或产品中有不同的无线系统或频段，射频开关的作用就是用来选择不同的无线系统或频段的；对于同一个无线系统或频段来讲，射频开关的作用就是选择接收（RX）还是发射（TX），也就是收发切换，前提是该无线系统采用的是时分双工（Time Division Duplexer，TDD）方式。为什么需要开关切换？因为对于 TDD 系统的同一个天线来说，在某个瞬间，它要么是接收，要么是发射，只能选择一个动作。对于多个无线系统或频段的电路，只能选择一个无线系统或频段进行通信，不可能同时发射或接收两个无线系统或频段的信号，因为物理路径只有一个，所以必须用开关选择要发射或接收的信号。

射频开关的示意图如图 6-20 所示。

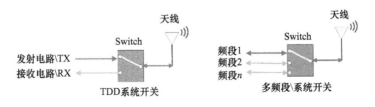

图 6-20 射频开关示意图

139

射频开关的关键参数有哪些

通路数量：指开关有几个通路。比如 SPDT，中文名称是单刀双掷开关，就是两个通路，通常用于 TX/RX 切换，或者两个无线系统的切换。

工作频率：指开关能够满足的频率范围。

输入 / 输出功率：开关的输入功率 P_{in}、输出功率 P_{out}、最大输入功率 $P_{in(max)}$ 和最大输出功率 $P_{out(max)}$。

各端口之间隔离度（Isolation）：因为存在不同的频段或通路，所以各通路之间要做好隔离来防止相互干扰。一个通路对另一个通路隔离的强弱就是隔离度。

插入损耗（Insertion Loss，IL）：经过开关后信号的损耗，可简称为插损。插入损耗越低，功率损耗也会越低。

开关响应时间：指开关从导通状态切换至关闭状态，或者从关闭状态切换至导通状态，或者从一个通路切换到另一个通路所需要的时间。

控制逻辑电平：用来控制开关切换的逻辑电压。

如何对射频开关进行选型

选择通路数量：根据产品或项目需要，选择通路的数量。比如对于 TDD 系统（时分双工），一个频段需要两个通路（发射和接收各一个），对于 FDD 系统（频分双工），一个频段只需要一个通路。再结合产品或项目需要支持的频段就可以得出需要的通路数。

工作频率 / 频段：根据产品或项目需要，评估其是否满足相关的频率 / 频段要求。

输入 / 输出功率：开关必须满足系统要求的输入、输出功率。

隔离度：开关模块通常包括多个频段，对同一个频段可以同时处理发射和接收信号。因此，各频段端口，以及收发端口之间需要尽可能高的隔离度。

插入损耗：开关模块的主要作用是电路选择，在选择时要尽量避免功率的损失，因此需要尽可能低的插损。

响应时间：射频开关在切换时需要快速响应，因此响应要尽可能快。

控制接口：选择合适的控制接口和逻辑电平。尽量选择射频开关芯片 / MODEM/CPU 支持的接口、电平，避免对电平进行再次转换。

由此可见，射频开关选择的要点是高功率、高隔离、快响应。

射频开关厂商有哪些

射频开关的主要厂商有日本 Murata、Qorvo（原 RFMD）、思佳讯（Skyworks）三大传统厂商。另外有 Sony、英飞凌（Infineon）等。国内厂商有 RDA（于 2014 年被紫光展锐并购）、国民技术等。

热门产品举例

下面以智能手机中使用的日本 Murata 的 SP-LMZ-904 为例进行介绍，SP-LMZ-904 内部框图如图 6-21 所示，该天线开关为 SP12T（有 12 个通道），可用于 LTE 产品，包括 10 个 TRX 端口（LTE 频段）和 2 个 GSM 端口［高频段（HB）和低频段（LB）］。

表 6-9 是 SP-LMZ-904 在 LTE 频段的相关指标参数。

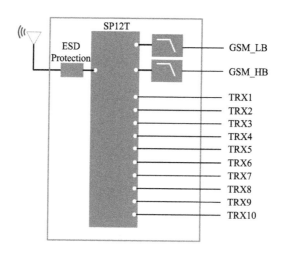

图 6-21　SP-LMZ-904 内部框图

表 6-9　SP-LMZ-904 LTE 频段的相关指标参数 [①]

发射 / 接收端口 1 ～ 10			频率 / MHz	最小值	典型值	最大值
发射 /接收	插入损耗（25℃）		698 ～ 787		0.55 dB	0.80 dB
			824 ～ 960		0.57 dB	0.80 dB
			1710 ～ 2170		0.67 dB	0.95 dB
			2500 ～ 2690		0.76 dB	1.15 dB
	插入损耗（−30℃～ +85℃）		698 ～ 787			1.00 dB
			824 ～ 960			1.00 dB
			1710 ～ 2170			1.15 dB
			2500 ～ 2690			1.35 dB
	电压驻波比	天线口	698 ～ 787		1.2	1.5
			824 ～ 960		1.2	1.5
			1710 ～ 2170		1.2	1.5
			2500 ～ 2690		1.2	1.5
		发射 / 接收端口	698 ～ 787		1.1	1.5
			824 ～ 960		1.1	1.5
			1710 ～ 2170		1.2	1.5
			2500 ～ 2690		1.3	1.5

———————————

[①]　数据来源于SP-LMZ-904芯片规格书。

（续表）

发射 / 接收端口 1 ~ 10		频率 / MHz	最小值	典型值	最大值
发射 / 接收	相对载波功率 （26 dBm 输入 时） Band5	$2f_0$			−75 dBc
		$3f_0$			−75 dBc
	Band1	$2f_0$			−75 dBc
		$3f_0$			−75 dBc

6.7 双工器（Duplexer）

双工器长什么样

双工器的外形图如图 6-22 所示。

图 6-22 双工器的外形图

什么是双工器

所谓双工，是指设备间可以同时进行双向传输，即可以同时进行发射和接收，而双工器就是对发射和接收进行隔离的器件，是 FDD 双工方式才有的器件。双工器的工艺和滤波器一样，具体的工艺介绍可参见本书 6.8 节。

双工器框图如图 6-23 所示。

143

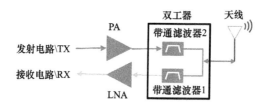

图 6-23　双工器框图

双工器的作用是什么

双工器隔离出发射信号和接收信号，其原理相当于两个带通滤波器（见图6-23），一个通道对发射频段有效，另一个通道对接收频段有效。也就是说，对这两个频段选择出发射信号和接收信号。现在呈现出双工器被集成到功率放大器里的趋势，也就是前面讲到的 PAD。

双工器的关键参数有哪些

双工器的关键参数和滤波器相近（见本书 6.8 节射频滤波器的介绍），所以对于 TX to ANT（发射端口到天线端口），以及 RX to ANT（接收端口到天线端口），其参数和滤波器参数一致，所不同的地方在于双工器是 TX/RX 信号同时存在的器件，因此必须考虑 TX/RX 的收发隔离，也就是双工器多了隔离度（Isolation）的要求，具体参数如下。

工作频段：是指双工器满足频段内相关指标的频率范围。

绝对衰减（Absolute Attenuation）：是指在阻带内的某一特定频段上，双工器能达到的最大衰减，也就是对无用信号的滤除能力。

隔离度：因为双工器电路同时存在发射信号和接收信号，所以就必须注意发射端口和接收端口的隔离，避免相互干扰。一个端口对另一个端口隔离的强弱就是隔离度。

插入损耗：是指双工器对信号的功率衰减，也就是输入功率和输出功率的比值。

输入输出阻抗：是指双工器端口的阻抗。

如何对双工器进行选型

双工器选型和滤波器选型相似（见本书 6.8 节射频滤波器的相关介绍），只是多了对隔离的考核。双工器选型需要注意工作频段、隔离度等参数。

工作频段：首先需要根据产品及项目的要求，选择双工器的工作频段。

隔离度：因为双工器是 FDD 系统才有的器件，FDD 系统中发射和接收信号是同时进行处理的，这就要求发射和接收必须做足够的隔离保护，从而避免相互干扰。

绝对衰减：从性能的角度考虑，希望双工器的带外信号越小越好，因此绝对衰减越大越好。

插入损耗：双工器的作用主要是隔离出发射和接收信号，除此之外不希望有信号的损耗，因此插入损耗越小越好。

输入输出阻抗：根据电路阻抗特性选择双工器输入输出阻抗值。

端口类型：根据射频收发芯片的接收端口决定双工器是平衡端口（双端口），还是非平衡端口（单端口）。

双工器厂商有哪些

双工器厂商也经历了洗牌，目前主要的厂商有 Murata、TAIYO（收购了原 FUJITSU 产品线）、TDK-EPC（原 EPCOS 产品线），另外有 Broadcom（原 AVAGO 产品线）、三星旗下的 WISOL、Qorvo（原 TriQuint 产品线）和京瓷（Kyocera）。其中 Murata 和 TAIYO 是传统主流厂商，TDK-EPC 和 Broadcom 凭借自己独特的工艺，在有些应用下具有无可替代的优势。

热门产品举例

智能手机中常用 Murata 的双工器，下面以 LTE Band 上的 Murata 双工器 SAYEY897MBA0B0A 为例进行介绍。该双工器采用 TC-SAW（温度补偿的 SAW）工艺制作，封装为 1814 尺寸。双工器 SAYEY897MBA0B0A 的部分技术参数见表 6-10。

表 6-10　双工器 SAYEY897MBA0B0A 的部分技术参数 [①]

发射端口到天线端口		特　性 (−20 ～ +85℃)			单位	说　明
		最小值	典型值	最大值		
中心频率			897.5		MHz	
插入损耗	880 ～ 915 MHz		2.3	3.0	dB	
	880.25 ～ 914.75 MHz		2.2	3.0	dB	
	882.5 ～ 912.5 MHz		1.8	2.2	dB$_{INT}$	任何 4.5 MHz
纹波偏差	880 ～ 915 MHz		1.5	2.3	dB	
电压驻波比	880 ～ 915 MHz		1.5	2.0		发射
	880 ～ 915 MHz		1.5	2.0		天线
绝对衰减	10 ～ 716 MHz	30	37		dB	
	716 ～ 728 MHz	35	37		dB	
	728 ～ 793 MHz	30	37		dB	
	832 ～ 862 MHz	30	40		dB	Band20 发射
	925 ～ 960 MHz	44	56		dB	
	1559 ～ 1563 MHz	33	39		dB	北斗
	1565.42 ～ 1573.37 MHz	33	38		dB	低频段 GPS
	1573.37 ～ 1577.47 MHz	33	38		dB	标准 GPS
	1577.47 ～ 1585.42 MHz	33	37		dB	高频段 GPS
	1597.55 ～ 1605.89 MHz	33	39		dB	格洛纳斯
	1710 ～ 1785 MHz	30	46		dB	Band3 发射
	1760 ～ 1840 MHz	40	49		dB	2 倍频
	1840 ～ 1880 MHz	38	50		dB	
	1920 ～ 1980 MHz	30	46		dB	Band1 发射
	2110 ～ 2170 MHz	27	41		dB	

---

① 　数据来源于 SAYEY897MBA0B0A 规格书。

（续表）

发射端口到天线端口		特 性（−20 ～ +85℃）			单位	说 明
		最小值	典型值	最大值		
绝对衰减	2400 ～ 2500 MHz	35	39		dB	ISM 2.4G 频段
	2434 ～ 2494 MHz	35	39		dB	Wi-Fi 共存
	2620 ～ 2745 MHz	33	38		dB	3 倍频
	3520 ～ 3660 MHz	20	33		dB	4 倍频
	4400 ～ 4575 MHz	20	31		dB	5 倍频
	4900 ～ 5950 MHz	20	248		dB	ISM 5G 频段，6 倍频
	6160 ～ 6405 MHz	15	25		dB	7 倍频
	7040 ～ 7320 MHz	9	14		dB	8 倍频
	7920 ～ 8235 MHz	2	11		dB	9 倍频
	8800 ～ 9150 MHz	2	11		dB	10 倍频
	9680 ～ 10 065 MHz	2	12		dB	11 倍频
	10 560 ～ 10 980 MHz	2	7		dB	12 倍频
	11 440 ～ 11 895 MHz	2	7		dB	13 倍频

智能手机电路中 SAYEY897MBA0B0A 的原理图如图 6-24 所示。

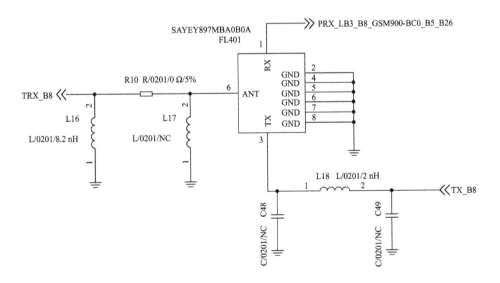

图 6-24 智能手机电路中 SAYEY897MBA0B0A 的原理图

6.8 射频滤波器（Filter）

射频电路中存在很多干扰信号，这些干扰信号对于有用信号来说就是有害的"毒"，必须消除掉，射频滤波器（简称滤波器）就是专门滤除各种有害信号的器件。

滤波器长什么样

滤波器的外形图如图 6-25 所示。

图 6-25　滤波器的外形图

什么是滤波器

顾名思义，滤波器就是滤除特定无线电信号的器件，专门用来滤除对系统通信没用的各种有害信号，保留有用信号并通过。

滤波器的种类有哪些

按所通过信号的频段分类，可以分为低通滤波器（LPF）、高通滤波器（HPF）、带通滤波器（BPF）和带阻滤波器（BSF）等，前三种滤波器的频率响应图如图 6-26 所示。

按照采用的设计器件分类，可以分为两种：有源滤波器和无源滤波器。也就是说，采用有源器件还是无源器件来设计。消费电子领域的滤波器基本都是无源滤波器。

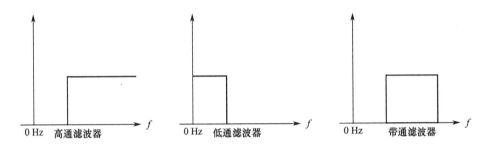

图 6-26　滤波器理想的频率响应图

按照制造工艺，目前滤波器常用的工艺可以分为 3 种：声表面波（SAW）、体声波（BAW）、薄膜腔声谐振（FBAR），此处不介绍相关工艺原理。SAW滤波器应用较为广泛，现在已发展为 TC-SAW 工艺（带温度补偿的 SAW，用于改善温度系数）。FBAR 工艺其实也是从 BAW 发展而来。SAW、BAW 和FBAR 滤波器的工艺的特点见表 6-11。

表 6-11　SAW、BAW 和 FBAR 滤波器的工艺的特点

类型	SAW 滤波器	BAW 滤波器	FBAR 滤波器
优点	高 Q 值、低插损、平衡和非平衡端口	更高频率、温度不敏感、极低插损、超高 Q 值、体积小、利于集成	更高功率、更高频率、高 Q 值、温度特性好、更低插损、利于集成
缺点	频率不高（2.5 GHz 以下）、发热、温度敏感、功率低、Q 值不太高	工艺复杂、成本高	工艺复杂、成本高
应用	应用广泛，各种无线通信	更高频率（2.5 GHz 以上）：微波、毫米波、LTE高频段、5G	更高频率应用，各种无线通信

滤波器的作用是什么

滤波器的最主要的作用是对信号进行分离并抑制干扰。比如：高通滤波器，就是对高频信号进行分离，抑制低频信号的干扰;而低通滤波器刚好相反，

对低频信号分离，抑制高频信号。高通、低通、带通滤波器的频率响应的理想曲线如图 6-26 所示。

滤波器的关键参数有哪些

滤波器的关键参数有通频带、中心频率和插入损耗等。

通频带（Bandwidth，BW）：是指传输系数下降到中心频率 $\frac{1}{\sqrt{2}}$ 时对应的上、下频率差，也就是 3 dB 带宽。

中心频率：带通滤波器（或带阻滤波器）的通频带的中间频率点。滤波器通频带为传输系数（电压）下降到中心频率 f_0 对应值的 $\frac{1}{\sqrt{2}}$ 时上下频率的频率差。以中心频率为准，高于中心频率一直到传输系数衰减到 $\frac{1}{\sqrt{2}}$ 时为上边频，相反为下边频，上边频和下边频之间为通频带。

插入损耗：是指滤波器对信号的功率衰减，也就是输入功率和输出功率的比值。

通带内波动（PassBand Ripple）：是指滤波器通带内传输系数的最大波动值。

输入输出阻抗：是指滤波器端口的阻抗。

绝对衰减（Absolute Attenuation）：在阻带内某一特定频段上，滤波器能达到的最大衰减，也就是对无用信号的滤除能力。

截止频率：是指滤波器传输系数下降到 3 dB 时的频率值，也就是带宽的上、下频率限值。

品质因数（Quality Factor）：是指在谐振频率下，平均储能与一个周期内平均能耗比，常用来描述滤波器的频率选择性。其实品质因数反映了滤波器的选择性，对同一频率，带宽越窄，品质因数越高，滤波器越难实现。实际上可以用下面公式计算：

$$Q = f_c / (\text{BW})_{3\,\text{dB}} \tag{6-5}$$

公式中，f_c 代表中心频率。

如何对滤波器进行选型

对滤波器进行选型，主要考虑工作频段、绝对衰减、插入损耗和品质因数等参数。

工作频段：根据产品或项目需要，选择相应工作频段的滤波器。

绝对衰减：从性能的角度考虑，希望带外信号越小越好，因此绝对衰减越大越好。

插入损耗：滤波器的作用主要是隔离出信号，抑制干扰，不希望损耗有用信号，因此插入损耗越小越好。

品质因数：从性能的角度考虑，品质因数越高越好，同时也需要兼顾成本。

输入输出阻抗：根据电路阻抗特性选择匹配的输入输出阻抗值。

端口类型：根据电路判断是需要平衡端口（双端口），还是非平衡端口（单端口）。

滤波器厂商有哪些

由于双工器的技术工艺和滤波器一样，一般双工器厂商同时也是滤波器厂商，可以参考本书 6.7 节双工器相关内容，此处不赘述。

热门产品举例

近年来在物联网通信技术中，NB-IoT 技术通过运营商主导，数据又经过公网，私密性和安全性较差；而 LoRa 是自己组网，用户可以搭建自己的云服务器。从私密性和企业安全的角度考虑，这些特点使 LoRa 成为 NB-IoT 强劲的竞争对手。这里以中兴通讯的 LoRa 网关 IWG200 产品上用的 Murata 的 SAW 滤波器为例，该滤波器型号为 SF2437D，该滤波器的带外抑制指标非常好，部分特性参数见表 6-12。

表 6-12　SF2437D 的部分特性参数 [①]

特 性 参 数		符　号	最小值	典型值	最大值	单　位
中心频率		f_c		480		MHz
插入损耗	470 ～ 482 MHz			2.4	3.5	dB
	4802 ～ 4900 MHz	IL_{min}		1.8	3.0	
纹波幅度（470 ～ 490 MHz）				1.9	2.5	dB
衰减（参考电平 0 dB）	0 ～ 350 MHz		40	45		dB
	350 ～ 450 MHz		23	28		
	500 ～ 518 MHz		34	40		
	540 ～ 560 MHz		36	43		
	560 ～ 600 MHz		36	39		
频率温度系数				-36×10^{-6}		Hz/K

SF2437D 在中兴通讯公司 LoRa 网关电路中滤波器部分原理图如图 6-27 所示。从天线连接器（CON1）上接收的 LoRa 信号经过滤波器滤掉其他信号后，经过一个 π 形输出匹配，最后传输到左边的射频收发芯片 (SX1255) 进行低噪声放大、下变频、滤波等信号处理。

---

① 数据来源于SF2437D芯片规格书。

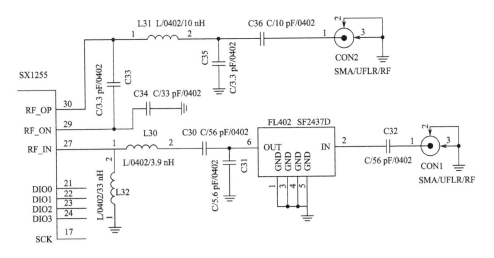

图 6-27 SF2437D 在 LoRa 网关设计中部分原理图

6.9 功率耦合器（Coupler）

功率耦合器（下文简称耦合器）看起来是一个不起眼的小器件，在某些电路中却必不可少。

耦合器长什么样

耦合器的外形如图 6-28 所示。

图 6-28 耦合器外形图

什么是耦合器

耦合器是从射频通路中通过耦合分配出一部分信号功率的无源器件，是带有不同耦合分配功率量值的器件。也就是说，耦合器是个功率分配器件，通常把一部分功率定向分配到一个端口，所以也称为"定向耦合器"。耦合器原理示意图如图 6-29 所示，图中的耦合器是一个四端口器件，除了输入端（端口①）和输出端（端口②）外，还有一个耦合端（端口③），把一部分功率输出到耦合端口，这个端口用来实现对输出功率的检测反馈等目的。端口④是隔离端口。耦合器通常用在发射电路上，如从功率放大器的输出电路耦合一部分输出功率。随着集成度越来越高，大部分功率放大器都集成了耦合器，只有在一些特殊应用时才单独外加耦合器。

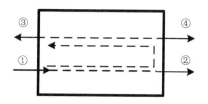

图 6-29　耦合器原理示意图

耦合器的作用是什么

耦合器主要用于把功率放大器的一部分功率耦合出来，分配给射频收发芯片，用来检测功率放大器的输出功率，配合射频收发芯片调整和控制输出功率。

耦合器有哪些关键参数

耦合度：耦合度表示耦合器端口①输入的功率和被耦合到端口③的功率比值，即耦合度（C）$=10\lg(P_1/P_3)$。

隔离度：在理想情况下耦合器端口④是没有功率泄漏的，实际上是有的，所以用隔离度来衡量，即隔离度（I）$=10\lg(P_1/P_4)$。

方向性：是指耦合器端口③的功率和端口④的功率比值，方向性（D）=
$10\lg(P_3/P_4)$。那么，方向性、耦合度和隔离度之间的关系如下：

$$隔离度（I）= 耦合度（C）+ 方向性（D） \tag{6-1}$$

输入 VSWR：是指耦合器输入端口的驻波比。

插入损耗：是指耦合器端口①到端口②的损耗。

如何对耦合器进行选型

首先，根据设计的需要，选取一定耦合度的耦合器。同时，大部分规格
的耦合器中都只给出耦合度、方向性，而隔离度需要根据公式（6-1）计算出
来。另外，通常在耦合器选型时要求插损尽量小，方向性和隔离度越大越好。

耦合器厂商有哪些

一般情况下，生产滤波器、双工器厂商也生产耦合器，因此，前面介绍
的无源器件厂商基本都生产耦合器产品。

热门产品举例

Linksys 为美国知名路由器品牌，该公司 EA8500 路由器 5G 频段的耦合器
为日本 TDK 品牌的 TFSC06053925-211B2，相关参数见表 6-13。

表 6-13　TFSC06053925-211B2 耦合器相关参数

频率 / MHz	耦合度 / dB	插入损耗 / dB	方向性 / dB	电压驻波比
2400 ～ 2500	21.5±1.0	0.22（最大值）	16（最小值）	1.3（最大值）
4900 ～ 5850	15.0±1.2	0.32（最大值）	16（最小值）	1.3（最大值）

图 6-30 是美国 Linksys 路由器 EA8500 Wi-Fi 电路中耦合器部分原理图。
U10 就是 TFSC06053925-211B2 耦合器，S2 芯片为切换发射或接收的射频开
关。耦合器把 5G 功率放大器的发射功率耦合一部分，耦合信号从 CPLD 管脚

出来，经过一个 π 形衰减电路后反馈给 5G 射频收发芯片（QCA9980 芯片）。

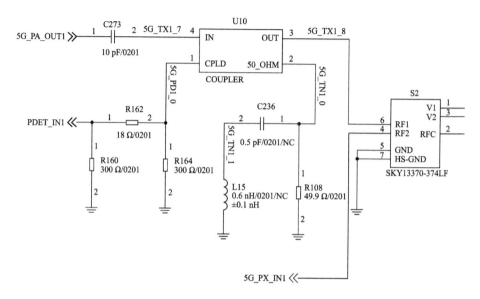

图 6-30　美国 Linksys 路由器 EA8500 Wi-Fi 电路中耦合器部分原理图

6.10　双讯器（Diplexer）

双讯器长什么样

常见的双讯器外形如图 6-31 所示。

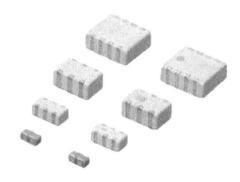

图 6-31　双讯器外形图

什么是双讯器

双讯器类似双工器，和双工器不同的是双讯器用来隔离和区分两个系统或频段的信号，而双工器是用来隔离和区分同一个频段的发射信号和接收信号的。比如双频 CDMA 手机，支持 CDMA 800 MHz 附近频段和 CDMA 1900 MHz 附近频段，就需要双讯器来隔离选择两个频段的信号。如果需要隔离三个频段，那么就要用"三工器"（Triplexer）。

双讯器和双工器的区别如图 6-32 所示。

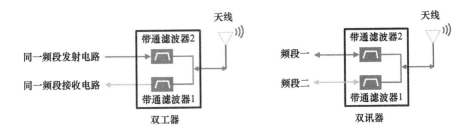

图 6-32　双讯器和双工器区别示意图

双讯器的作用是什么

双讯器的作用是隔离筛选出不同频段或系统的信号。

双讯器的关键参数有哪些

双讯器的参数与双工器的参数基本一样，关键的参数有工作频段、隔离度和绝对衰减等。

工作频段：是指双讯器可以隔离的频段。

隔离度（Isolation）：因为双讯器用来隔离不同的频段或系统，所以不同频段或系统之间需要有足够的隔离保护，从而避免相互干扰。一个端口对另一个端口隔离的强弱就是隔离度。

绝对衰减（Absolute Attenuation）：在阻带内某一特定频段，双讯器能达到的最大衰减，也就是对带外无用信号的滤除能力。

插入损耗（Insertion Loss，IL）：简称插损，是指双讯器对信号的功率衰减，也就是输入功率和输出功率的比值。

端口阻抗：是指双讯器端口的阻抗。

如何对双讯器进行选型

双讯器的选型与双工器基本一样，主要注重工作频段、隔离度和绝对衰减等参数。

工作频段：根据产品和项目需要，选择双讯器需要支持的频段。

隔离度：因为双讯器是用来隔离不同的频段或系统的，所以必须对各端口之间做好足够的隔离，防止相互干扰。从性能的角度考虑，隔离度越高越好。

绝对衰减：是指对带外信号的衰减能力。从性能角度考虑，希望衰减越大越好。

插入损耗：在双讯器实现隔离的同时，希望有用信号尽可能没有损耗，所以希望插入损耗越低越好。

端口阻抗：根据实际需要选择合适的双讯器端口阻抗。

双讯器的厂商有哪些

生产双工器的厂商，一般都生产双讯器，如 Murata、TAIYO 等，详见本书 6.7 节双工器中的相关内容。

热门产品举例

下面以用于美国知名路由器品牌 Linksys 路由器上的双讯器 DP2012-

A2455MT/TLF 为例，该双讯器为 ACX 公司产品，用在双频 Wi-Fi 上隔离两个
频段的信号，其性能参数见表 6-14。

表 6-14　DP2012-A2455MT/TLF 性能参数

型　　号	通频带 / MHz	插入损耗 / dB	回波损耗 / dB	绝对衰减 / dB	隔离度 / dB
DP2012-A2455MT/TLF	2400 ～ 2500	0.25（典型值）0.5（最大值）	20（典型值）10（最小值）	27（典型值）/20（最小值）@4800 ～ 6000 MHz 30（典型值）/20 @7200 ～ 7500 MHz	22（典型值）/20（最小值）@DC ～ 2500 MHz
DP2012-A2455MT/TLF	4900 ～ 5950	0.35（典型值）0.65（最小值）	15（典型值）10（最大值）	23（典型值）/20（最小值）@800 ～ 2500 MHz 18（典型值）/15（最小值）@9800 ～ 11 900 MHz	27（典型值）/20（最小值）@4900 ～ 5950 MHz

图 6-33 是 Linksys 路由器 EA8500 Wi-Fi 电路中双讯器 DP2012-A2455MT/TLF
的部分原理图。从图中可以看到双讯器把 Wi-Fi 2G 信号（来自 ANT3）和 5G
信号（来自射频开关 S1）区分开来。

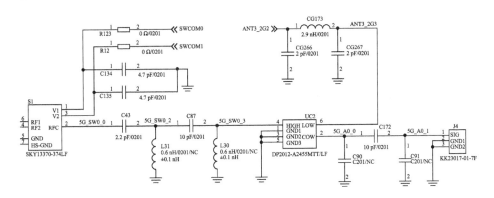

图 6-33　双讯器 DP2012-A2455MT/TLF 的部分原理图

6.11　电阻、电容和电感

在射频电路中除使用很多 IC 外，还会使用电阻、电容、电感。它们的数
量众多，很多时候还要联合使用，组成 π 形、T 形、L 形等电路才能发挥作用。

为什么要单独介绍大家再熟悉不过的电阻、电容、电感呢？因为射频领域对电阻、电容、电感的考虑和教科书中的内容差别较大，很多教科书里的理论无法适用于射频领域。

电阻、电容和电感长什么样

贴片电阻外形如图 6-34 所示，贴片电容外形如图 6-35 所示，贴片电感外形如图 6-36 所示。

图 6-34　贴片电阻外形图　　　　图 6-35　贴片电容外形图

图 6-36　贴片电感外形图

这些电阻、电容、电感在低频时主要表现出的是其本身理论定义的理想性能，而在高频时则会表现出其他诸如引线参数、寄生参数、分布参数、感应参数等特性。低频和射频等效电路如图 6-37 所示。

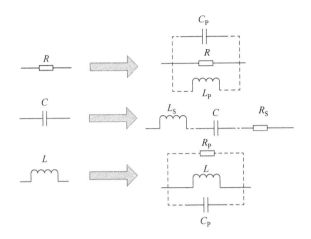

图 6-37 低频和射频等效电路

电阻、电容和电感的作用是什么

电阻的作用：信号可以直接通过（比如 0 Ω 电阻起直通作用）；端口匹配（一般用 50 Ω 电阻接在要匹配的端口上）；信号衰减（比如 π 形衰减电路）。

电容的作用：信号可以直接通过（根据信号频率不同选择不同容值的电容，类似 0 Ω 电阻）；和其他电容或电感一起构成匹配电路；和电感一起组成滤波器电路；和电感一起构成巴伦电路。

电感的作用：和电容一起构成匹配电路；和电容一起组成滤波器电路；和电容一起构成巴伦电路；防静电（ESD）。

电阻、电容和电感的关键参数有哪些

电阻的关键参数有标称阻值、工作电压、阻值精度。

电容的关键参数有工作电压、电容值、介质材料、精度。

电感的关键参数有额定电流、电感值精度、Q 值（品质因数）。

如何对电阻、电容和电感进行选型

电阻的选型：根据设计需要选择合适的电阻值；射频电路的电阻比较小，需要关注精度；射频信号属于交流信号，因此应当关注电阻的电压，电压可以根据信号的功率来计算，即 $P=\dfrac{U^2}{R}$。

电容的选型：根据设计需要选择合适的电容值；选择合适材质的电容，材质决定着电容的工作温度、稳定度。电容材质一般有 NPO/COG、X7R、X5R 等，射频电路的电容一般用 NPO/COG 这种高性能材质，同时根据电路需要选择合适的工作电压和精度。

电感的选型：根据设计需要选择合适的电感量；选择合适的电流值；选择合适的精度和 Q 值。

需要说明两点：首先，除了技术参数外，还需要选择电阻、电容和电感的外形尺寸。随着电子产品小巧化，电路主板的面积越来越紧张，很多时候只有小尺寸封装可选。其次，性能和尺寸的追求与成本密切相关，两者需要折中考虑。

电阻、电容和电感的生产厂商有哪些

电阻的生产厂商非常多，经过多年的发展已经呈现出全部国产化趋势；用于射频、领域的电感、电容原来是日本和韩国厂商的天下，尤其是 Murata 的产品，性能、品质较好，不过现在这些国外厂商随着中国厂商的发展不得不开始战略转移，从而使得电阻、电容和电感也呈现出国产化趋势。电阻、电容和电感的主要生产厂商见表 6-15。

表 6-15　电阻、电容和电感的主要厂商

器件	地区	名　称	说　明
电阻	国外	罗姆（ROHM）、KOA	传统霸主，逐渐退出
	中国	国巨股份有限公司（简称"国巨"，YAGEO）、华新科技股份有限公司（简称"华新科技"，Walsin）、厚声电子工业有限公司（简称"厚声"）、大毅电子科技有限公司（简称"大毅"）、风华高新科技股份有限公司（称称"风华高科"或"风华"）等	国巨已成为电阻产品的新霸主
电容	国外	村田（Murata）、TDK、TAIYO、Samsung	村田还是高品质电容厂家的代表
	中国	国巨、华新科技、风华、宇阳控股（集团）有限公司（宇阳）等	
电感	国外	村田（Murata）、TDK、TAIYO、Samsung	村田还是高品质电感厂家的代表
	中国	国巨、华新科技、风华、奇力新（CHILISIN）等	

实战小锦囊

　　射频电容、电感通常是不能随便替换品牌的，不同厂商带来的差异足以使射频参数恶化到达不到相关要求，所以尽量不要在 BOM（物料表）里写替代料（Second Source）。

6.12　天线（Antenna）

　　无线产品的信号必须通过天线才能转换成电磁波，否则就不能正常使用，功率再大都没有用。

　　天线作为在无线电设备中用来发射或接收电磁波的部件，其理论和技术非常多，这里仅仅以消费电子或小型产品所用的天线进行简要介绍。

天线长什么样

　　天线一般分为内置天线和外置天线，一些内置天线形状如图 6-38 所示，

一些外置天线形状如图 6-39 所示。

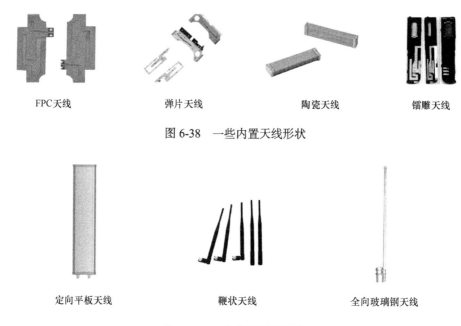

FPC天线　　　　　　弹片天线　　　　　　陶瓷天线　　　　　　镭雕天线

图 6-38　　一些内置天线形状

定向平板天线　　　　　　鞭状天线　　　　　　全向玻璃钢天线

图 6-39　　一些外置天线形状

什么是天线

理论定义

天线是指辐射或接收电磁波的装置。

实战定义

天线是指把无线信号转换为电磁波的形式并按照一定方式辐射出去的设备（发射天线），或者接收电磁波并转换为无线信号的设备（接收天线）。

天线的作用是什么

两个功能：首先是能量转换，即具有一定功率的无线信号和电磁波之间的转换功能；其次是定向辐射功能，即实现向一定方向的辐射。一个电路或产品的无线信号最终要通过天线才能有效辐射到空中，或者从空中接收下来。

天线的种类有哪些

天线有很多种分类方式。

○ 按天线工作性质分为发射天线和接收天线。

○ 按天线用途可分为通信天线、广播天线、电视天线和雷达天线等。

○ 按天线工作波长可分为超长波天线、长波天线、中波天线、短波天线、超短波天线和微波天线等。

○ 按天线辐射方向划分为定向天线和全向天线。

○ 按天线所辐射的电场的极化形式划分，可分为线极化、圆极化和椭圆极化，而线极化又可以分为水平极化和垂直极化。

○ 按天线维数来分可以分为一维天线和二维天线。

○ 根据天线使用场合的不同可以分为手持台天线、车载天线、基地天线。

○ 按天线在产品上的位置划分可分为内置天线和外置天线。手机对内置天线的发展起了非常大的推动作用，从最早功能机的外置天线发展到内置天线后，手机天线先后经历了单极（Monopole）天线、IFA（Inverted F-shaped Antenna）、PIFA（Planar Inverted F-shaped Antenna）、PIFA+ 寄生（3G 时代智能手机早期使用的形式），随着智能手机大屏化、超薄化发展，以及 LTE 多频段需求，智能手机单纯从天线调试上已经无法满足要求，天线设计已经突破了传统技术，需要增加天线调谐芯片（Tuner）才能实现，而苹果公司开创了用手机金属边框做天线的先例。

在 5G 时代，天线技术又得到一次大发展。由于 5G 的应用范围非常广，

典型的三个应用场景分别为：eMBB（增强型移动宽带）能够实现传统移动通信的延伸和升级，URLLC（超高可靠低时延通信）将助力实现自动驾驶、远程医疗、工业自动化等，mMTC（大规模机器通信）将推动物联网、智慧城市等的发展和应用，这么广泛的应用场景对天线类型和技术提出了很大的挑战。天线将朝着多频段、宽频段、多波束、智能化、小型化、定制化、集成化、从无源到有源等多个方向发展。对于终端设备来说，Massive MIMO 和毫米波通信的技术特点，决定了终端设备天线将突破原来的振子天线范畴，需要新的技术来实现终端阵列天线，如封装天线（Antenna in Package，AiP）、扇出型（Fan-out）封装天线、波导缝隙天线、衬底集成天线等技术都将助力移动通信的发展。

其中，AiP 已经取得领先，将会在毫米波的天线中应用。所谓 AiP 天线，就是片上天线，把天线封装到芯片上面。其优点在于可以简化系统设计，有利于小型化、低成本。目前，高通、MTK、海思、英特尔发布的 5G 终端方案中都采用了 AiP 天线。

图 6-40 是高通公司推出的第二代 5G 解决方案，即 SDX55+QTM525，其中 QTM525 就是一个包含 AiP 天线的射频前端模块，该模块集成了射频收发电路、功率放大器等前端电路，同时也集成了天线。可以看到天线阵列被集成到一颗小小的芯片里，这是 5G 时代天线的巨大创新。

图 6-40　高通 QTM525 芯片

天线的关键参数有哪些

天线参数可以分为"无源"和"有源"两大类。

无源参数

无源参数有很多，这里介绍常用的无源参数。

带宽或频段：是指天线能够满足系统要求的工作频率范围。

阻抗：是指天线电压和电流的比值，通常有 50 Ω、75 Ω 等，一般消费电子产品天线都是 50 Ω 的。阻抗表征了和发射机或接收机的匹配情况，影响到天线的效率。

驻波比：全称为电压驻波比，又名 VSWR 和 SWR，由于直接测量阻抗较为困难，一般用 VSWR 来衡量，VSWR 和阻抗存在换算关系，所以用 VSWR 就能测量出天线的匹配状况。

效率：就是天线辐射的总功率和天线从馈线得到的输入功率之比，即 $\eta=P_r/P_i$。效率用来衡量天线把高频电流转换为电磁波能量的有效程度，是非常重要的参数。

增益：是指在某方向的某点上，在相同输入功率条件下，天线在该点产生的场强平方与理想点源天线在该点产生的场强平方的比值。该参数用来表示天线能量转换集中程度和效率，通俗地说，就是反映天线对信号的放大能力，这是非常重要的参数。

方向图：3D 图和 2D 图，3D 图就是将天线置于球坐标系中，由天线在各个方向上的辐射强度而绘制成的 3D 图；2D 图，以 E 面（电场矢量和传播方向构成的面）和 H 面（磁场矢量和传播方向构成的面）两个正交面上的剖面图来描述的方向图；对于一些室外产品上的定向天线又有"波瓣宽度"和"前后比"指标。"波瓣宽度"是指主瓣上两个半功率电平点（即场

强下降到 $\dfrac{最大值}{\sqrt{2}}$ 处）之间的夹角。对于室外 AP 或小基站上所用的全向天线，还有水平波瓣和垂直波瓣参数。"前后比"是指最大辐射方向上的场值与 $180°\pm60°$ 方向内最大场值之比，通常用分贝表示。

有源参数

通常配合相关协议和仪器来测试出天线的相关有源参数指标，比如手机通常测试 TRP（总的辐射功率）、TIS（总的全向灵敏度）等指标，而其他消费电子类产品通常不测试有源参数。

如何对天线进行选型

如本章前面所讲，天线作为一个细分领域专门的研究技术及应用，天线的种类也非常多，不同的行业、不同的产品，在天线的选择和设计上也有很大不同。随着 5G 技术的发展，天线的技术和种类将取得更大的发展，也带来很大的挑战。这里仅仅介绍消费电子或小型产品上所用的天线。按天线在产品上的位置划分可分为内置天线和外置天线，下面分别介绍不同产品形态可以使用的天线种类。首先，根据产品形态需要选择一定形式的天线（比如内置还是外置，内置天线的环境允许何种材质和形式的天线等）；其次，选择匹配天线参数（有源和无源参数）。表 6-16 中汇总了各种产品可以选用的天线种类，由于篇幅所限就不展开讲解了。需要说明的是，在天线选取或规划时需要注意的细节非常多，需要丰富的技术经验才能把控好天线，在工程实践中需要不断地学习和积累。

表 6-16　各种产品可以选用的天线种类

位置	产品类型	天线种类	说　明
内置	手机	金属弹片、FPC、陶瓷、镭雕（LDS）、手机边框等	对于现在的智能手机，常用金属边框和 LDS 天线
	路由器/无线接入点（Access Poin，AP）	金属弹片、PCB 天线、印制在 PCB 上	常用弹片和 PCB 天线
	其他（物联网等）	金属弹片、PCB 天线、印制在 PCB 上、弹簧天线等	

（续表）

位置	产品类型	天线种类	说　明
外置	手机	早期弹簧天线，模拟和数字电视拉杆天线	现在几乎没有外置
	路由器/AP	鞭状天线（弹簧＋扼流线圈＋匹配柱）、套筒天线、PCB天线、PCB阵列天线、玻璃钢天线	路由器中常用鞭状天线
	其他（物联网等）	弹簧天线、鞭状天线等	

生产天线的厂商有哪些

早期的生产天线厂商以我国台湾地区的厂商为主，随着手机技术的发展，带动了我国天线行业的发展，现在我国天线厂商的队伍已经发展成熟。不同行业和产品形态都有专门的天线厂商群体，由于分类太多，这里不再具体列举厂商。

热门产品举例

这里以室内无线接入点和路由器的传统天线为例进行介绍，相对来说这些产品形态的天线更符合经典天线理论，也较为简单清晰。

表 6-17 是某室内 AP 单频 2.4 GHz 天线的技术参数。

表 6-17　室内 AP 单频 2.4 GHz 天线的技术参数

参　数	数　据
带宽/MHz	100
增益/dBi	7
垂直波瓣宽度（°）	18
驻波比	≤ 1.8
输入阻抗/Ω	50
极化方式	垂直
最大功率/W	50
天线长度/mm	380
接口类型	SMA

图 6-41 和图 6-42 是该天线在 2400 MHz 的 2D 方向图。

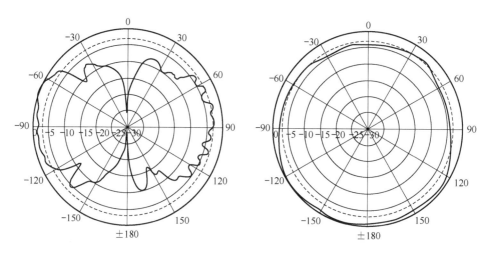

图 6-41　室内 AP 天线 *E* 面图　　　　图 6-42　室内 AP 天线 *H* 面图

图 6-43 是某智能路由器 5G 天线 3D 方向图，3D 方向图的形态多数情况下非常像苹果，所以又称为"苹果图"。

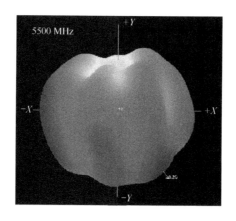

图 6-43　智能路由器 5G 天线 3D 方向图

实战小锦囊

○ 对于内置天线，谨慎使用印制在 PCB 上的天线，因为天线需要不断地调试，一旦印制在 PCB 上，每调试一次就面临一次改版，周期和成本都是很大的。在评估这种形式时一定要做天线走线的验证，比如联系天线厂家做模拟评估，或者自己做实验板评估，或者用 HFSS 软件做仿真。但是，不管做那种评估，实际上都是需要改版调试的。图 6-44 是用 HFSS 软件仿真 Monopole 天线的建模。

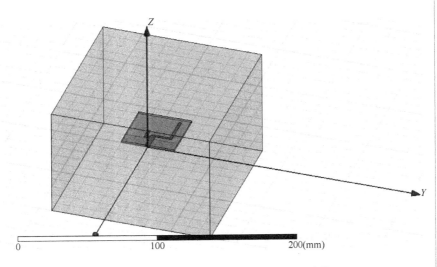

图 6-44　用 HFSS 软件仿真 Monopole 天线的建模

○ 天线的选型必须在项目开始之初就需要严格评估，否则在后期出现问题时可能会带来包括产品整个外观、结构、硬件主板等方面的改动，甚至会造成项目直接失败，这一点对内置天线来说尤其关键。

第 7 章
与阻抗相关的基础知识

 学习指引

本章共 3 节。

讲述了传统射频教材很少讲解的重要射频基础知识——阻抗。本章首先介绍什么是阻抗和阻抗匹配，以及如何进行阻抗匹配；然后介绍阻抗线，即射频走线；最后介绍用于阻抗匹配的史密斯圆图（Smith chart）。

 学习重点

- 深度理解阻抗和阻抗匹配
- 理解阻抗线模型
- 掌握阻抗线计算方法
- 理解和掌握史密斯圆图工具

一个优秀的工程师必须有扎实的基本功，与阻抗相关的知识就是射频工程师需要重中之重练就的基本功。

射频工作最关键的内容之一就是做好各电路的阻抗匹配，因此与阻抗相关的基础知识是必备的。本章介绍阻抗和阻抗匹配、阻抗线（射频走线）、史密斯圆图。

7.1　阻抗和阻抗匹配

什么是阻抗

在具有电阻、电感和电容的电路里，对电路中的电流所起的阻碍作用叫作阻抗。在学习电容和电感时，我们了解了电容的容抗是 $1/(j\omega C)$，电感的感抗是 $j\omega L$；阻抗（Impedance）就是电阻和这些容抗、感抗构成的实部和虚部的值，实际上实部和虚部并不是简单的直接相加。阻抗通常用字母 Z 表示，$Z=R+jX$，其中实部 R 表示纯电阻部分，虚部 X 表示电抗。在射频电路实际应用中，现在常用的阻抗多数是 50 Ω，另外有部分电路采用 75 Ω、差分 100 Ω 和差分 150 Ω 等。

为什么要用阻抗

如本书 3.1 节讲述射频概念时所讲，从经典理论的角度考虑，射频是高频交流信号，对于高频信号除了电阻以外更多的时候要考虑由于频率引起的感抗和容抗，实际上射频电路中用到纯电阻的时候是有限的，绝大多数情况下用的是电容和电感。

如本书 3.1 节讲述射频电路和其他电路区别时所讲，低频电路的目的是传输电流、电压、波形，数字电路的目的是传输状态（0 或 1），而射频电路的目的是进行功率的传输。从发射端来讲，射频信号需要无线传输到很远的地方，从而让远处的接收设备接收，因此必须保证足够大的功率才能传输到很远的地

173

方。从接收端来讲，接收机接收到的信号必须远远高于噪声信号才能被正确地解调出来，因此接收信号也需要很高的功率。同时，信号从一个电路输入到另一个电路输出，必须做好输入和输出的阻抗匹配，才能避免功率的损失和信号畸变，从而实现高效的传输。

总之，要想高效、优质地传输功率就必须重视阻抗，并且进行阻抗的匹配。阻抗匹配是射频电路最关键的因素，同时阻抗匹配工作也是每个产品研发调试过程中最重要的工作，占据着相当大的工作量。一定要充分理解和做好阻抗相关的工作。

什么是阻抗匹配

无线通信的目的就是把信号从一个地方传到另一个地方，也就是射频信号的源端和目的端（负载端）。在射频电路中，射频信号需要经过许多器件或电路去传输，对于输入的电路就可以理解为"源端"（Source），输出的电路为"负载端"（Load），信号从源端到负载端的传输中会有功率的损失，以及噪声的引入，为了减少功率的损失和降低干扰的引入，就需要对源端和负载端做阻抗的匹配。源端阻抗为 $Z_S = R_S + jX_S$，负载端阻抗为 $Z_L = R_L + jX_L$。功率传输示意图如图 7-1 所示。

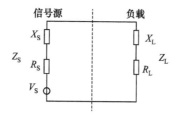

图 7-1 功率传输示意图

从信号源到负载端传输的功率不仅与 R_L 有关，还和 R_S、X_S、X_L 有关。如果源阻抗和负载阻抗匹配得当，那么这个信号从信号源到负载端的传递过程中就没有功率损失，也没有噪声引入。

如果阻抗不匹配，将会给射频电路带来以下两种严重的问题。

一是额外功率损失。阻抗不匹配就意味着在信号源和负载端之间存在电压或功率反射，就造成了额外的功率损失。因为电路设计的不匹配导致的额外功率损失会严重影响通信系统的性能。

二是额外失真和准噪声。在不匹配条件下，信号在信号源和负载端之间来回反射，在信号源和负载上与原始信号叠加，导致信号源或负载信号失真。当反射信号的频率不变或反射信号的频率与输入信号的频率相等时，便出现额外失真。当信号的频率随时间改变，即反射信号与输入信号频率不相等时，就叫准噪声（准噪声不是真正的噪声，噪声一般是指白噪声）。额外失真将带来信号相位的恶化，准噪声将带来信噪比的下降。

阻抗匹配的类型有哪些

阻抗匹配包括最大功率匹配和无相移的最大功率匹配，其相关证明公式在此不做推导，我们只需记住结论：

实现无相移的最大功率匹配的前提是需要源阻抗和负载阻抗为共轭关系，即

$$Z_S = Z_L^*$$ （7-1）

实现最大功率匹配的前提是需要源阻抗和负载阻抗相等，即

$$Z_S = Z_L$$ （7-2）

无相移的最大功率匹配是指从源阻抗到负载的功率传输的最大化，从源阻抗到负载的传输电压无相位偏移。这是功率匹配的一种特殊情况。如果相位存在偏移将导致信号在传输中发生畸变，造成接收电路不能正确解调。

最大功率匹配是指从源阻抗到负载的传输的功率最大化。

而阻抗匹配的方法或过程就是在信号源和负载之间加入匹配电路，一般由电感和电容构成，实现阻抗变换。阻抗匹配过程如图 7-2 所示。

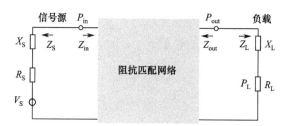

图 7-2　阻抗匹配过程

典型的阻抗匹配电路形式有两种：T 形阻抗匹配电路，如图 7-3 所示；π 形阻抗匹配电路，如图 7-4 所示。每种类型理论上有 8 种电路。每种电路都有它们的优缺点，分别适用在不同的阻抗范围内，在使用时注意"隔直流"和"直流短路"的问题。

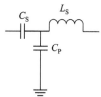

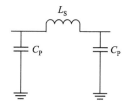

图 7-3　T 形阻抗匹配电路　　　　图 7-4　π 形阻抗匹配电路

T 形阻抗匹配电路和 π 形匹配网络之间可以相互转换，具体的转换公式这里不再罗列，有兴趣的读者可自己查阅相关资料。

需要说明的是，在实际工程研发中，并不一定都用三个元器件做成 T 形阻抗匹配电路或 π 形阻抗匹配电路，经常会采用两个元器件的匹配，也就是 L 形，图 7-5 是两种 L 形匹配电路。

如何进行阻抗匹配

前面提到阻抗匹配就是在信号源和负载之间插入匹配网络，那么如何确定上面 T 形匹配和 π 形匹配各元器件的位置上该用电容还是电感？如何确定每个电容或电感的数值呢？

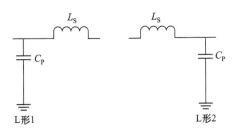

图 7-5　L 形匹配电路

一般来说，在实际工程实践中，大多数情况下都是"盲调"，所谓"盲调"就是拿不同类型的元器件（电容和电感）去尝试，看到底是电容还是电感，确定好类型后再不断变换它们的值，直到测试结果表明达到良好的匹配状态。

另外，可以借助仪器和理论进行精确的调试。需要的仪器是网络分析仪（Network Analyzer，NA）。网络分析仪调试的理论原理是史密斯圆图，本书 7.3 节将简单介绍史密斯圆图原理，并示范利用史密斯圆图如何调试阻抗匹配。

"盲调"对于很多小公司来说可能是唯一的方式，因为一台网络分析仪价值几十万元，小公司为了节约成本，是不会采购网络分析仪的。对于有条件的公司，由于用网络分析仪调试焊接比较麻烦，同时一个公司采购的网络分析仪数量很少，往往不够使用，所以工程师通常都是先"盲调"，当"盲调"短时间内无法匹配好时，就借助网络分析仪来进行调试。

阻抗匹配电路举例

图 7-6 是某路由器低噪声放大器的单元电路图，左侧 L23、C206、L14 组成一个 π 形输出阻抗匹配电路，用于匹配低噪声放大器的输出。

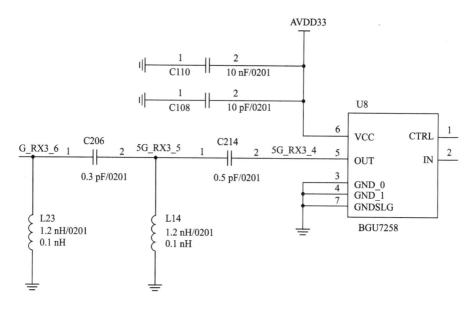

图 7-6　LNA π 形输出阻抗匹配电路

7.2　阻抗线

　　阻抗在消费电子产品电路中通常以阻抗线的形式存在。阻抗线又叫射频走线，优良的射频走线能够保证射频信号在电路中很好地传输。

阻抗线长什么样

　　图 7-7 所示为某路由器主板上 5G Wi-Fi 信号发射和接收的阻抗线。

什么是阻抗线

　　阻抗线是指连接射频器件的、用来传输射频信号的 PCB 线条。阻抗线分为微带线（Microstrip）和带状线（Stripline）。微带线是指走在 PCB 表层的线，带状线是指走在 PCB 内部层面上的线。PCB 板上所有元器件之间的连接都是通过在 PCB 板上走线（画一些线条）来保证连接关系的，如果这些线条上要传输射频信号，就需要保证这些线的阻抗，这些保证阻抗的线就称为阻抗线或射频走线。

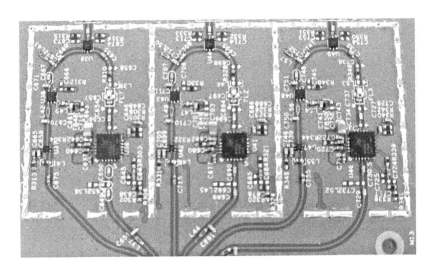

图 7-7 路由器主板上的阻抗线

阻抗线的作用是什么

阻抗线的作用是用来传输射频信号，使射频信号通过这种走线从一个电路或元器件传到另一个电路或元器件。

阻抗线设计的关键是什么

阻抗线设计的关键是保证阻抗准确，做好阻抗控制，使得这些线的阻抗和目标阻抗相等，比如 50 Ω、75 Ω 等；

另外，要注意长度尽可能短，从而减少因阻抗控制不精确导致信号过多的衰减；

最后，做好保护，防止被其他阻抗线上的信号干扰，以及干扰其他阻抗线上的信号。

如何保证阻抗线的阻抗设计

根据上面的介绍可知，阻抗线最关键的就是保证阻抗准确。影响阻抗线阻抗的因素有以下几个。

阻抗线的宽度（W）：阻抗线的宽度是决定阻抗大小的关键因素之一，在其他条件固定不变的情况下，阻抗线宽度越宽阻抗越低，阻抗线宽度越窄阻抗越高，当前行业里最窄可以做到 3 mil（40 mil = 1 mm）。

阻抗线所在平面和参考平面的高度（H）：高度是决定阻抗的另一个关键因素。阻抗线必须有参考平面才能构成射频信号的回路，也才能控制阻抗。通常以地平面（电气地）作为参考平面。其他条件固定的情况下，高度越大阻抗越大，高度越小阻抗越小，目前行业里各层间距最小可以做到 4 mil。

PCB 板材的材质：板材的材质不同介电常数（ε）不同，目前绝大多数 PCB 板材采用的是 FR4 材质，其介电常数范围为 4.2 ～ 4.7，通常取 4.5 左右，实际上不同的信号频率介电常数是有些差别的，精确值可以和 PCB 板厂沟通确定。

走线铜箔的厚度：走线铜箔的厚度是指阻抗线的厚度。

油漆的厚度：油漆的厚度是指 PCB 表层的绿色、黑色、蓝色、红色等用来阻止焊接的油漆的厚度。

在工程设计时，我们通常只需要考虑阻抗线的宽度。在选定一个 PCB 板材时其他参数基本都固定了（由板材的材料、叠层、工艺决定）。根据设计需要，也可以对材料、叠层、工艺有特殊的要求，这时候就要综合考虑所有因素。阻抗线的宽度可以用相关软件来计算，比如 Polar 软件等。

阻抗线举例

以智能手机带状线和路由器微带线为例，图 7-8 是某智能手机 PCB 设计文件中的带状线，图 7-9 是智能路由器 TOP 层 PCB 设计文件中的微带线。

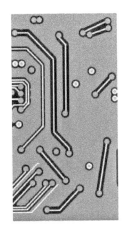 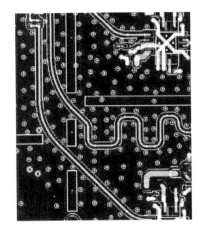

图 7-8　手机 PCB 设计文件中的带状线　图 7-9　路由器 TOP 层 PCB 设计文件中的微带线

　　下面介绍手机主板阻抗线分析和计算。该手机 PCB 板为八层设计，叠层设计如图 7-10 所示，叠层的概念参见本书第 8 章 PCB 设计，下面的叠层介绍为选学内容，重点学习后面的阻抗线计算。

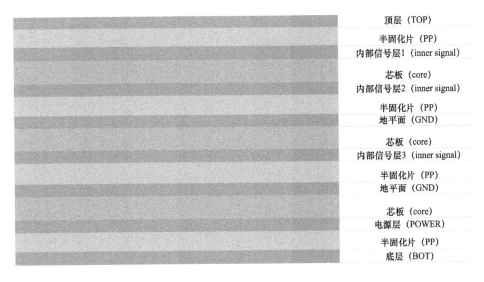

顶层（TOP）

半固化片（PP）
内部信号层1（inner signal）

芯板（core）
内部信号层2（inner signal）

半固化片（PP）
地平面（GND）

芯板（core）
内部信号层3（inner signal）

半固化片（PP）
地平面（GND）

芯板（core）
电源层（POWER）

半固化片（PP）
底层（BOT）

图 7-10　手机 PCB 叠层图

第 1 层顶层（TOP）是主要元器件摆放层，同时也是微带线层。

第 2 层内部信号层 1（inner signal），在射频电路下面为局部地平面（为第 1 层的微带线做参考平面），其他部分作为基带电路走线层。

第 3 层内部信号层 2（inner signal）为基带电路走线层，包括 DDR 密集走线在内的大部分走线都在该层完成。

第 4 层地平面（GND）为主地层，是第一个地平面层，为电路提供接地的完整地平面，同时也为第 5 层的带状线提供参考地。

第 5 层内部信号层 3（inner signal）为带状线走线层，射频走线的绝大部分走线都被安排在该层。

第 6 层地平面（GND）为第二个地平面层，该层的地并不像第 4 层那样完整，除保证在射频带状线下面的完整性外（作为带状线的参考平面），在基带电路区域有部分走线。

第 7 层电源层（POWER），手机电路的绝大部分供电走线都在该层，同时该层也作为 BOT 面射频微带线的参考平面层，少部分微带线走在 BOT 面。

第 8 层底层（BOT）为另一个元器件的摆放层，主要摆放基带电路的一些芯片。

从上面的叠层分析可知，射频带状线位于第 5 层，带状线的两个参考平面层为第 4 层的主地层和第 6 层的第二个地平面层，该叠层设计比较合理，阻抗线被上下两个地平面包围。

根据 PCB 板材的叠层结构（各层的结构和厚度，由 PCB 板厂提供），可以使用 PCB 阻抗计算软件来计算阻抗线的宽度和阻抗值。下面采用 Polar Si9000 软件来计算上面介绍的手机主板带状线的宽度和阻抗。

打开 Polar Si9000 软件，选择带 Offset Stripline 1B1A 模型（两个参考平

面距离不相等的带状线），具体参数介绍见下面的实战小锦囊部分，模型图如图 7-13 所示。

已知：

高度 H1 为 0.09 mm；

高度 H2 为 0.1 mm；

Er1 和 Er2 介电常数均为 4.2；

带状线覆铜的厚度为 0.015 mm。

上述参数的精确值可以从 PCB 板厂商得到，初步计算时凭借经验估值。根据上述参数计算阻抗线的宽度 W1 的值和阻抗值。阻抗线的宽度 W2 在初步计算时可以根据 W1 乘以一定的百分比估算，也可以假设 W2=W1。

通过调整 W1 和 W2 的值，再单击 Polar Si9000 软件 Impedance 后面的 Calculate，得到的阻抗值为 49.49 Ω，此时 W1 为 0.075 mm，即 3 mil（PCB 线宽一般以 mil 为单位，1 mm=40 mil），3 mil 已经是目前 PCB 工艺加工中最小的线宽，说明此宽度已经较为理想，此时阻抗也接近 50 Ω。具体计算结果如图 7-11 所示。

				Tolerance	Minimum	Maximum	
Substrate 1 Height	H1	0.0900	+/-	0.0000	0.0900	0.0900	Calculate
Substrate 1 Dielectric	Er1	4.2000	+/-	0.0000	4.2000	4.2000	Calculate
Substrate 2 Height	H2	0.1000	+/-	0.0000	0.1000	0.1000	Calculate
Substrate 2 Dielectric	Er2	4.2000	+/-	0.0000	4.2000	4.2000	Calculate
Lower Trace Width	W1	0.0750	+/-	0.0000	0.0750	0.0750	
Upper Trace Width	W2	0.0500	+/-	0.0000	0.0500	0.0500	Calculate
Trace Thickness	T1	0.0150	+/-	0.0000	0.0150	0.0150	Calculate
Impedance	Zo	49.49			49.49	49.49	Calculate
							More...

图 7-11　Polar Si9000 软件计算手机带状线结果

锦 **实战小锦囊**

○ 尽量利用顶层走微带线：如果不需要做干扰保护工作，优先在顶层
走微带线。顶层的好处是阻抗控制精确。因为元器件在顶层，如
果阻抗线也走顶层就避免了换层问题（换层会带来阻抗不连续等
问题）。

○ 阻抗线模型：下面是单端微带线和带状线在 Polar Si9000 软件里的
模型图。

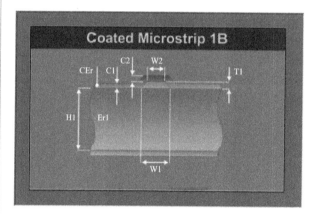

H1：介质厚度
Er1：介电常数
W1：阻抗线底部宽度
W2：阻抗线顶部宽度
T1：成品铜厚
C1：基材的阻焊厚度
C2：铜皮或走线上的阻焊厚度
CEr：阻焊的介电常数

图 7-12　微带线模型图

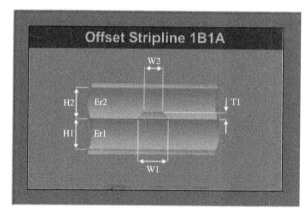

H1：介质厚度
Er1：介电常数
H2：介质厚度
Er2：介电常数
W1：阻抗线底部宽度
W2：阻抗线顶部宽度
T1：成品铜厚

图 7-13　带状线模型图

7.3　史密斯圆图

在 7.1 节我们提到在阻抗匹配时需要借助史密斯圆图（Smith chart），作为射频工程师需要熟练掌握和运用这张圆图。

史密斯圆图长什么样

史密斯圆图的阻抗和导纳圆图如图 7-14 所示，这张图其实包括两张图，即阻抗圆图和导纳圆图。其中实线图为史密斯圆图的阻抗圆图，虚线图为史密斯圆图的导纳圆图。

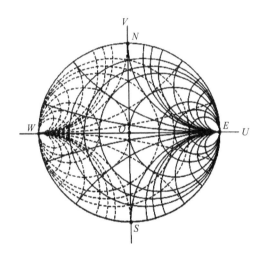

图 7-14　史密斯圆图的阻抗和导纳圆图

什么是史密斯圆图

理论定义

史密斯圆图（Smith chart），又称史密夫图表，是在反射系散平面上标绘有归一化输入阻抗（或导纳）等值圆族的计算图。也就是说，史密斯圆图是表

达电压反射系数（Γ）的复平面。即

$$\Gamma = U + jV \tag{7-3}$$

本书的编写的目的是帮助读者提高工程设计能力，编写原则是以实战应用为主，不过多讲解理论和数学公式推导。但是，如果要讲解史密斯圆图，是无法绕开理论和数学公式的，本节尽量只是介绍理论和最终应用公式，具体的推导过程不再详解，有兴趣的读者可以自己查阅相关资料。

测量阻抗的仪器有阻抗计、网络分析仪、环形器。测试小信号的阻抗用阻抗计和网络分析仪。大信号的阻抗测量用环形器。在消费电子产品中的射频信号一般都是小信号，最常用的阻抗测试仪器是网络分析仪。网络分析仪在一个端口或两个端口测量 S 参数，然后根据 S 参数计算阻抗，或直接从史密斯圆图中读出。图 7-15 为网络分析仪测试阻抗的原理图，待测设备（DUT）为双端口设备。

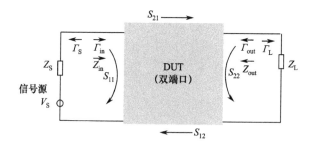

图 7-15　网络分析仪测量阻抗的原理图

在图 7-15 中，相关参数意义如下：

○ Z_S 为信号源阻抗；

○ Z_{in} 为 DUT 电路的输入阻抗；

○ Z_{out} 为 DUT 电路的输出阻抗；

○ Z_L 为负载的阻抗；

○ Γ_{s} 为信号源反射系数；

○ Γ_{in} 为 DUT 电路输入端反射系数；

○ Γ_{out} 为 DUT 电路输出端反射系数；

○ Γ_{L} 为负载端反射系数；

○ 当 $S_{12}=0$ 时，S_{11} 为 DUT 电路输入端口反射系数，且有

$$\Gamma_{\text{in}} = 20 \lg S_{11};$$ (7-4)

○ S_{12} 为 DUT 电路反向传输系数，即输出端口到输入端口的传输系数；

○ S_{21} 为 DUT 电路前向传输系数，即输入端口到输出端口的传输系数，或者叫传输增益；

○ 当 $S_{21}=0$ 时，S_{22} 为 DUT 输出端口反射系数，且有

$$\Gamma_{\text{out}} = 20 \lg S_{22}$$ (7-5)

通过相关推导公式可以得到以下几个结论性公式：

$$Z_{\text{in}} = \frac{1+S_{11}}{1-S_{11}}$$ (7-6)

$$Z_{\text{out}} = \frac{1+S_{22}}{1-S_{22}}$$ (7-7)

$$\Gamma = \frac{Z-Z_0}{Z+Z_0}$$ (7-8)

公式中，Z_0 为特征阻抗（如 50 Ω、75 Ω 等），Z 为端口实际阻抗。

引入归一化阻抗：

$$z = \frac{Z}{Z_0}$$ (7-9)

则有

$$z = r + jx \tag{7-10}$$

公式中，r 是归一化电阻，x 是归一化电抗，把公式（7-10）代入公式（7-8），并比较公式（7-3）后得到两个圆的公式：

$$\left(U - \frac{r}{r+1}\right)^2 + V^2 = \left(\frac{1}{r+1}\right)^2 \tag{7-11}$$

公式（7-11）表示的是圆心在（$U = \frac{1}{r+1}$，$V = 0$），半径为 $\frac{1}{r+1}$ 的一系列圆。

$$(U-1)^2 + \left(V - \frac{1}{x}\right)^2 = \left(\frac{1}{x}\right)^2 \tag{7-12}$$

公式（7-12）表示的是圆心在（$U = 1$，$V = \frac{1}{x}$），半径为 $\frac{1}{x}$ 的一系列圆。

所以式（7-11）和式（7-12）就是史密斯阻抗圆图的理论表达式。

它们所表示的一系列圆就是史密斯圆图的理论定义。史密斯阻抗圆图如图 7-16 所示。

史密斯阻抗圆图中存在一些特殊点。用 O 表示的中心点，表示 $r = 1$，$x = 0$，或 $R = Z_0$，此点表示其阻抗等于特征阻抗。用 W 表示的最左边的点，表示 $r = 0$，$x = 0$，代表阻抗处于"短路"状态。用 E 表示的最右边的点，表示 $x = 0$ 但 r 为无穷大，代表阻抗为"开路"状态。用 N 表示的最上端的点，表示 $r = 0$，$x = 1$，代表阻抗是纯电感且 $X = Z_0$。用 S 表示的最下端的点，表示 $r = 0$，$x = -1$，代表阻抗为纯电容且 $X = -Z_0$。

有时为了使用方便，采用导纳 y 的史密斯圆图。

$$y = \frac{1}{z} = g + jb \tag{7-13}$$

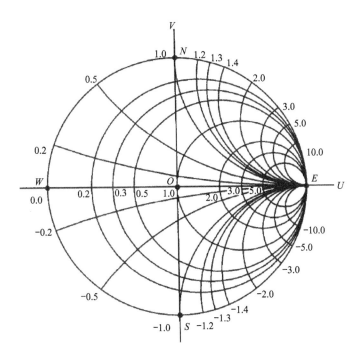

图 7-16　史密斯阻抗圆图

公式中，y 为归一化导纳，g 为归一化电导，b 为归一化电纳。

由公式（7-8）可得

$$z = \frac{1+\Gamma}{1-\Gamma} \tag{7-14}$$

有

$$y = \frac{1}{z} = \frac{1-\Gamma}{1+\Gamma} = \frac{1+\Gamma e^{j\pi}}{1-\Gamma e^{j\pi}} \tag{7-15}$$

公式（7-15）表明，导纳圆图可以通过简单地将 Γ 乘以 $e^{j\pi}$ 或逆时针旋转 180° 得到。

史密斯导纳圆图如图 7-17 所示。

189

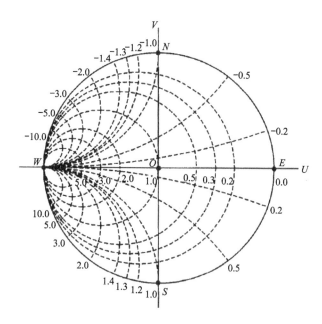

图 7-17　史密斯导纳圆图

由于导纳圆图通过简单地将阻抗圆图逆时针旋转 180°得到。因此史密斯导纳圆图中的一些特殊点刚好和阻抗圆图相反。用 O 表示的中心点，表示 $g = 1$、$b = 0$ 或 $R = Z_0$，此点表示其阻抗等于特征阻抗。用 W 表示的最左边的点，表示 $b = 0$ 但 g 为无穷大，代表阻抗处于"开路"状态。用 E 表示的最右边的点，表示 $g = 1$、$b = 0$，代表阻抗为"短路"状态。用 N 表示的最上端的点，表示 $g = 0$、$b = -1$，代表阻抗是纯电容且 $X = -Z_0$。用 S 表示的最下端的点，表示 $g = 0$，$b = 1$，代表阻抗为纯电感且 $X = Z_0$。

实战定义

史密斯圆图就是阻抗测量和阻抗匹配的理论工具。

史密斯圆图有什么用

史密斯圆图可以指导阻抗测量和阻抗匹配工作。前两节我们讲过，阻抗线最关键的是要保证阻抗的值非常精确，比如一般的要求是 50 Ω，那么阻抗线的阻抗是否精确，就可以借助网络分析仪和史密斯圆图理论进行测量和调试（调整到目标值）。阻抗除了可以用欧姆（Ω）来衡量，工程上通常还可以用 S 参数来衡量（见图 7-15），最常用的就是 S_{11}，也就是反射系数的另外一种表达形式。前面我们讲过，在阻抗测量和阻抗匹配工作中，经常会用到网络分析仪，在网络分析仪上就可以用 S 参数来测量阻抗，也可以用史密斯圆图的形式表现出来，所以史密斯圆图理论是射频工程师必备的理论之一。

如何看史密斯圆图

史密斯圆图理论专门展开讲解的篇幅较长，请大家查询相关书籍资料自学。这里梳理出以下几个结论供大家使用：

- 中心点表示特征阻抗点（比如 50 Ω），最左侧 W 点表示阻抗处于"短路"，最右边 E 点表示阻抗为无穷大，即"开路"。

- 该图包括阻抗圆图（实线图）和导纳圆图（虚线图）。

- 当器件串联时沿着阻抗圆图分析。

- 当器件并联时沿着导纳圆图分析。

- 当用电感时沿着圆的轨迹往上走。

- 当用电容时沿着圆的轨迹往下走。

- 匹配的技巧是想法牵引到 $r=1$ 的圆周上（端点在中心点特征阻抗上的圆），或者 $g=1$ 的圆周上。$g=1$ 和 $r=1$ 的圆如图 7-18 所示。

阻抗匹配应用举例

内置天线通常需要天线匹配电路，假设某智能手机的 Wi-Fi 电路框图如图 7-19 所示，在射频测试座和天线之间需要设计一组天线匹配，从而使得射频测试座和天线之间这段电路的阻抗和天线的阻抗（假定 50 Ω）相匹配。

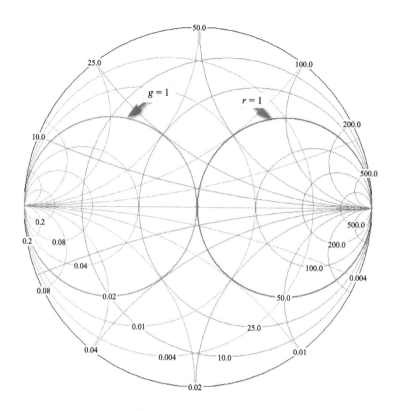

图 7-18　*g* =1 和 *r* =1 的圆

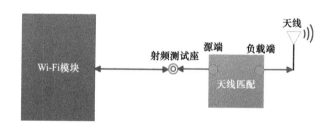

图 7-19　智能手机 Wi-Fi 电路框图

　　假设在加入匹配电路前，源端处的阻抗在史密斯圆图的位置如图 7-20 所示，即图中圆圈内标记为 "1" 的位置。

　　第一步，把初始位置 "1" 点牵引到 *r*=1 的圆周上。从图上可以推断，可以沿着导纳圆往上，从而牵引到 *r*=1 的阻抗圆上，假设该点为 "2"。沿着导纳圆图意味着要采用并联电路。轨迹向上，意味着需要用电感。由此得出，需要并联一个电感。

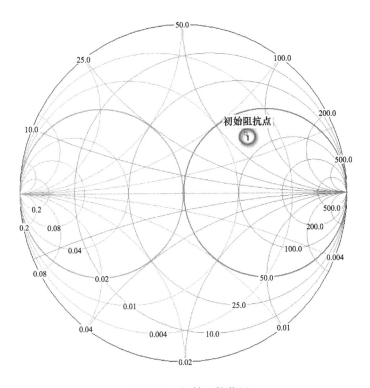

图 7-20　初始阻抗位置

第二步，把"2"点牵引到特征阻抗点上，也就是史密斯圆图的中心点。从图上可以推断，沿着 $r=1$ 的阻抗圆往下牵引即可到达中心点，假设中心点为"3"点。沿着阻抗圆意味着要串联，往下牵引，意味着要用电容。因此得出，需要串联一个电容。

这个匹配过程如图 7-21 所示，轨迹是先把"1"点牵引到"2"点，再把"2"点牵引到"3"点。

匹配电路原理图如图 7-22 所示，匹配电路是并联一个 24.6 nH 的电感，再串联一个 1 pF 的电容。

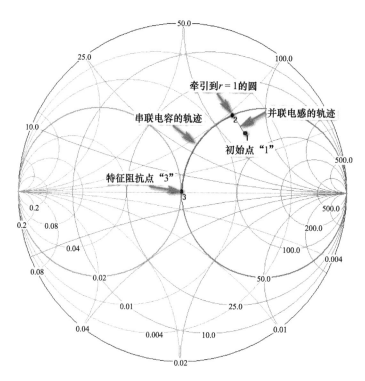

图 7-21　匹配过程图

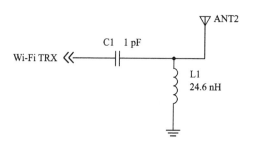

图 7-22　匹配电路原理图

　　需要说明的是，匹配到特征阻抗的匹配形式不止一种。也可以先并联一个电容（1.1 pF），牵引到 $r=1$ 的圆上，再串联一个电感（4.4 nH）牵引到特征阻抗点上。如图 7-23 所示。

　　匹配电路原理图如图 7-24 所示。

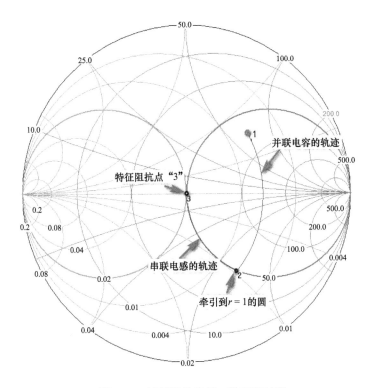

图 7-23　特征阻抗的另一种匹配过程

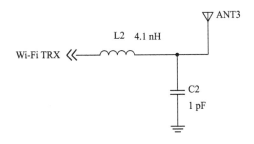

图 7-24　特征阻抗的匹配电路原理图

实战小锦囊

　　阻抗 Z、驻波比 VSWR、反射系数 Γ、S_{11} 都是用来描述阻抗匹配的参数，只不过直接反应的结果不同。这四个参数之间存在换算关系，可以自己查询相关资料学习。

第 8 章
工程实战基础与技能

本书内容的组织顺序遵循由浅入深、由理论到实战的原则。本书第 1 章至第 5 章属于必须要了解或掌握的基础理论知识。从第 6 章开始过渡到实践阶段，带领大家学习和掌握单元电路；第 7 章讲解了工程实践中必须具备的阻抗方面的理论和实践。从本章开始将进入全面的实战阶段。

前面我们了解了射频电路发射和接收的套路（发射机和接收机系统架构），以及各种典型电路，那么如何运用这些知识研发产品呢？本章讲解射频工程师在研发产品时需要具备的基础知识和技能。内容主要包括：无线通信协议、电路原理图（简称"原理图"）设计、PCB、射频校准、焊接调试、仪器和测试、无线产品认证。

本章内容安排顺序非常巧妙，非常符合一个项目或产品的实际研发流程。读者们在学习的同时也可以了解到企业开发的流程。图 8-1 是一个项目从立项到研发、生产、上市销售的完整流程图，行业内大部分公司的项目都遵循这样的项目流程。图 8-2

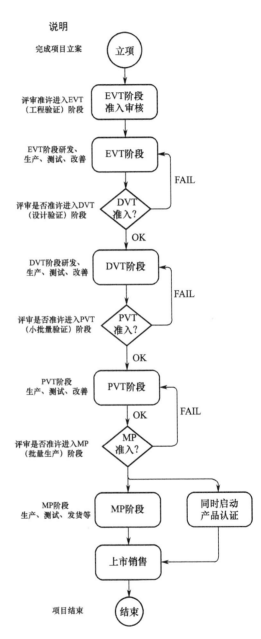

图 8-1　项目完整流程图

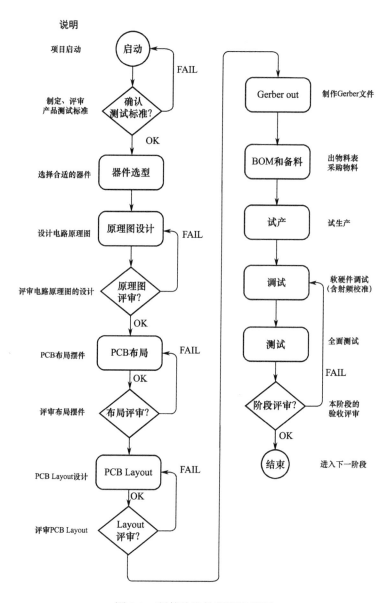

图 8-2　硬件阶段性研发流程图

是项目刚开始阶段的硬件研发流程图，如 EVT 阶段（工程验证阶段）。除器件选型（属于第 6 章内容）和相关评审工作外（本书略去不讲），其他主体工作和顺序就是本章的内容和顺序。

8.1　无线通信协议

作为射频研发工程师，必须熟悉各种无线通信协议，无线通信协议指引着产品的定义，以及研发、测试、认证的标准。从图 8-2 可知，在产品开始研发前，首先需要确定好产品的测试标准，制定和讨论测试标准的依据就包括相关的无线通信协议。

什么是无线通信标准及协议

大家经常听到的通信协议是 TCP/IP 协议。所谓标准、协议就好比人和人讲话交流时应遵循的一些规则，比如讲话优先级（谁先讲，谁后讲），讲话的声音多大，听见别人的话时是否应该回答，如何回答，诸如此类的规则。和 TCP/IP 协议一样，任何一个无线通信系统都有相关组织制定这些通信规则，这些规则就是通信协议。无线射频电路的性能指标必须按照这些通信标准和协议规范严格实行。

无线通信标准及协议有哪些

常见的无线通信标准及协议有移动通信、无线局域网、导航和物联网等类型。

移动通信标准及协议

GSM、GPRS、EDGE 协议，由 ETSI 协会制定的。

CDMA、cdma2000、EVDO 等协议，由 3GPP2 组织制定的。

WCDMA、HSDPA、HSUPA，由 3GPP 组织制定的。

TD-SCDMA，由我国提出，最后也归由 3GPP 发布。

LTE，由 3GPP 组织制定和发布。

第 5 代移动通信（5G），由 3GPP 组织制定和发布。

无线局域网标准及协议

Wi-Fi：802.11a、802.11b、802.11g、802.11n、802.11ac、802.11ah、802.11ad、802.11ax 等 Wi-Fi 协议，由 IEEE 组织制定和发布。

WiMAX：又称 IEEE 802.16 标准，也是由 IEEE 组织制定和发布。

导航标准及协议

GPS：由美国国家海洋电子协会（National Marine Electronics Association，NMEA）制定和发布。

格洛纳斯（GLONASS）：由俄罗斯制定的标准。

北斗卫星导航系统：由中国制定的标准。

伽利略卫星导航系统：由欧盟制定的标准。

物联网标准及协议

NB-IoT：NB-IoT 由我国的华为公司最先发起并主导了全过程，目前已经被 3GPP 正式承认并发布在 Rel-13 标准里面，2017 年在全国开始大范围商用，并成为物联网的主流标准之一。

LoRa：LoRa 的通信协议是 LoRaWAN，由 LoRa Alliance（LoRa 联盟）制定和发布，目前最新的版本是 LoRaWAN 规范 1.1，LoRa 联盟是由 Semtech 公司牵头成立的一个开放的、非营利性的组织。LoRa 具有商用成熟度高、低成本、低功耗、传输距离远、抗干扰强的特点，目前已在欧美、中国等国家和地区规模商用。

Z-Wave 和 SigFox：这两个全新的物联网标准是最近几年才制定的，并逐步在一些国家得到认可和应用。2018 年 1 月 9 日，成都高新区与法国 SigFox 公司、法国 KRG（SeniorAdom）智慧养老公司和中国联合网络通信集团有限公司共同开发和建设运营的"中法合作·成都国际社区智慧养老服务合作项目"，在人民大会堂中法两国元首见证下签约。这预示着 SigFox 也将在中国商用。

ZigBee：其协议是 IEEE 802.15.4，由 IEEE 协会制定和发布。

Sub 1 GHz：Sub 1 GHz 指工作在 1 GHz 以下的无线射频技术，比如 RF433、RF868、RF915 等，这些系统还没有成为正式的标准，据说 IEEE 正在着手制定协议标准。

其他无线标准及协议

蓝牙（Bluetooth），由 SIG 组织制定和发布，是一种无线数据和语音通信开放的全球规范，它是基于低成本的近距离无线连接，为固定和移动设备建立通信环境的一种特殊的近距离无线技术连接。

IrDA 红外连接技术，由红外数据组织（Infrared Data Association，IrDA）提出，是一种利用红外线传输信息的通信方式，可传输语言、文字、数据、图像等信息。

近场通信（Near Field Communication，NFC），是一种近距离无线通信技术，使用了 NFC 技术的设备（如移动电话）可以在彼此靠近的情况下进行数据交换，是由非接触式射频识别（RFID）及互连互通技术整合演变而来的，通过在单一芯片上集成感应式读卡器、感应式卡片和点对点通信的功能，利用移动终端实现移动支付、电子票务、门禁、移动身份识别、防伪等应用。

掌握无线通信协议的重要意义是什么

设计的各种无线产品，其电路中的各种指标都必须满足对应的无线协议要求。如前面章节所讲，射频工程师的主要工作就是保证设计的电路、产品满

足协议规范要求，尤其是物理层指标。因此，在产品规划、设计、生产、销售等各个阶段都要清楚这些协议指标的要求。同时，如果对系统协议的各个方面较为熟悉，将有利于研发设计时更好地理解和分析遇到的问题。

对于硬件工程师来说，主要关心的是物理层的规范，也就是本书第 4 章和第 5 章中多次提到的各种指标参数的规定。发射机和接收机需要测试哪些指标，标准是什么，在协议里都有定义和规定。

无线通信协议举例分析

下面以物联网协议 NB-IoT 协议、无线局域网 Wi-Fi 802.11ac 协议、5G 协议为例介绍。

NB-IoT 实际上属于 LTE 协议的分支，是从 LTE 的基础上演变而来的，所以该协议由 3GPP 组织制定。射频工程师需要学习的最新标准为 Rel-16，文件为：3GPP TS 36.101 V16.6.0（2020-06）。该协议规定了 NB-IoT 终端设备发射机和接收机相关指标的定义、测试目的、测试标准等。其中第 5 章到第 7 章的内容是需要重点学习的，里面对 NB1 和 NB2 的规定，就是针对 NB-IoT 的。

802.11ac 属于 Wi-Fi 5G 频段的协议，该协议于 2013 年由 IEEE 组织正式发布。射频工程师可以学习的版本是 IEEE Std 802.11ac-2013 中的 Part 11 文档，该文档中规定了 OFDM、HT、VHT 不同速率模式下物理层的相关指标。

5G 是当前最新一代移动通信协议，旨在提供一种高速率、低延时、低功耗、低成本、高容量、多种设备连接的新一代移动通信网络，从而实现 5G 的三大应用场景，即增强型移动宽带（eMBB）、高可靠低延迟通信（URLLC）、海量机器通信（mMTC）。5G 最早由 ITU（国际电信联盟）提出并发布草案，规定了 5G 的最低要求。

5G 的协议标准制定分为两个阶段。第一阶段（Phase 1）完成 Release 15（Rel-15）标准的制定，Rel-15 由 3GPP 完成，已于 2018 年 6 月由 3GPP 宣布正式冻结。Rel-15 标准完成了 eMBB 和 URLLC 的相关协议；第二阶段（Phase 2）完成 Release 16（Rel-16）的制定，Rel-16 的制定除 3GPP 外，ETSI 也参与相关技术的制定并提供支持。Rel-16 包括所有的 5G 标准（包括 Rel-15 没有完成的 mMTC），Rel-16 完全满足 ITU 的 IMT-2020 标准，可以说是 5G 的最终版本标准。同时，Rel-16 已于 2020 年 6 月"冻结"完成。

5G 协议一般称为"5G NR"，NR 即 New Radio，5G 协议被拆分成两个频率范围，即 FR1（Frequency Range1）和 FR2（Frequency Range 2），FR1 是 6 GHz 以下频段，FR2 是 24 GHz 以上频段，即毫米波频段。Rel-15 版本中对终端设备（UE）的规范号码是 TS 38.101 系列，TS 38.101-1 是对独立组网的 FR1 的规范，TS 38.101-2 是对独立组网的 FR2 的规范。其中，第 5 章是对频段和信道的规范，第 6 章是对发射机的规范，第 7 章是对接收机的规范。射频工程师应当重点学习这几章的内容。

如何运用无线通信协议

在工作实践中，对无线通信协议的运用应注意以下方面：

○ 在产品规划阶段，要根据协议规范来评估项目的销售地区是否合理；

○ 在设计阶段，要根据协议规范进行相关设计；

○ 在研发调试阶段，要根据协议要求对产品进行各种指标的调试测试；

○ 在生产阶段，要根据协议和公司要求，制定相关生产标准；

○ 在销售前，要根据相关要求进行各种认证。

示例

表 8-1 是某手机公司根据 3GPP 协议制定的 WCDMA Band 1 频段的射频指标标准，最左边这列是 3GPP 协议的章节号，接下来是对应的测试项目和

测试标准。

表 8-1　WCDMA Band 1 测试标准

3GPP 章节	测试项目	单位	测试标准	常规条件（25℃）		
				样品号：#		
				9613 信道	9750 信道	9887 信道
5.4.1	上行链路开环输出功率 @−14.0 dBm	dBm	（−23 ～ −5）−14±9			
5.4.1	上行链路开环输出功率 @−37.3 dBm	dBm	（−46.7 ～ −28.7）−37.7±9			
5.4.1	上行链路开环输出功率 @9 dBm	dBm	（−0 ～ 18）9±9			
5.4.2	上行链路内环功率控制（step E）	dB	A^a：0.5 ～ 1.5			
5.4.2	上行链路内环功率控制（step F）	dB	A：0.5 ～ 1.5			
5.2	最大输出功率	dBm	A：21 ～ 25			
5.4.3	最小输出功率	dBm	A：≤ −50			
5.3	频率误差	Hz	$±0.1×10^{-6}$			
5.5.1	关断功率	dBm	< −56			
5.5.2	发射开关时间模板	N/A	在模板内			
5.6	TFC 变化（安捷伦 8960 测试仪有这项功能）	N/A	在模板内			
5.8	占用带宽	MHz	< 5			
5.9	频谱发射模板	N/A	A：在模板内 B^b：1 dB 余量			
5.10	相邻信道泄漏比（−10 MHz）	dB	A：≥ 43 B：≥ 48			
5.10	相邻信道泄漏比（−5 MHz）	dB	A：≥ 33 B：≥ 38			
5.10	相邻信道泄漏比（5 MHz）	dB	A：≥ 33 B：≥ 38			

（续表）

3GPP 章节	测试项目	单位	测试标准	常规条件（25℃）		
				样品号：#		
				9613 信道	9750 信道	9887 信道
5.10	相邻信道泄漏比 （10 MHz）	dB	A：≥ 43 B：≥ 48			
5.13.1	矢量幅度误差 （EVM）	N/A	A：≤ 17.5% B：≤ 10%			
5.13.2	峰值码域误差	dB	≤ 14			
5.13.3	相位不连续性	N/A	EVM ≤ 17.5% 频率误差 ±0.1 ppm 相位不连续性 <36°			
5.13.4	物理随机接入信道 （PRACH）前导质量 @ EVM/UE 调制载波	N/A	EVM ≤ 17.5% 频率误差 ±0.1 ppm			
6.2	参考灵敏度 −106.7 dBm，误码率（BER）	dBm	A：−106.7，<0.1% B：108.7（典型值） 最差值 −108，最差 值只允许概率为高中 低信道的一个信道为 最差值。多台样机测 试，最差应该不超过 总比例的 1/3			
6.3	最大输入电平 @−25.7 dBm，BER	dBm	合格或不合格 BER<0.1%			

注：a 标准严格按照 3GPP 的规范，可以理解为正常标准；b 标准高于 3GPP 规范，可以理解为加严标准。

☞ 动动小手

　　登录 3GPP 官网下载 5G 终端的最新规范文档，从而认识移动通信领域最重要的国际组织 3GPP，并熟悉 5G 的协议规范。下载步骤如下：

　　第一步，登录 www.3gpp.org 网站；

第二步，选择"Specifications"，选中"Specification Numbering"，并单击；

第三步，单击"38series"；

第四步，如果下载 FR1 的规范，单击"TS 38.101-1"，如果下载 FR2 的规范，单击"TS 38.101-2"；

第五步，单击"Click to see all version of this specification"，然后选择最新版本进行下载。

8.2 电路原理图

制作电路原理图是技术人员从事硬件设计需要掌握的基本功之一，也是硬件研发工作实战操作的第一步。

电路原理图长什么样

图 8-3 是某高端路由器的部分电路原理图。

什么是电路原理图

电路原理图是指电路中表示各元器件之间电气连接关系的图，由元器件的图形符号和连接线组成，也叫电路图。设计一个电路，首先要画出各电子元器件或各电路之间的电气关系，这个关系属性是通过电路原理图来实现的。

电路原理图的作用

通过电路原理图可以反映电路中各元器件、各电路之间的电气关系，了解电路的工作原理。一个电子产品，硬件设计的第一步就是设计电路原理图，目的是设计出电路的电气连接情况，从而保证电路的正确并满足要求。

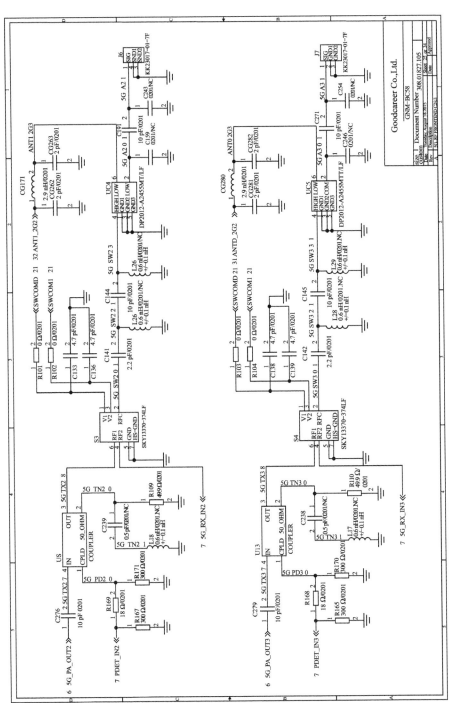

图 8-3 某高端路由器的部分电路原理图

如何设计电路原理图

设计电路原理图，首先需要具备各种硬件电路原理知识。对射频电路来说，就是掌握射频电路各电子元器件的基本知识后，才能设计出电路原理图。

工具方面，使用画图软件，在消费电子产品领域通常用 Cadence 的 OrCAD、PADS 的 PADS Logic、Protel 的 Altium Designer 等 EDA 工具 (电子设计自动化工具)。硬件工程师应当熟练使用这些工具软件。从低级到高级或易学程度可排列为：Protel ＜ PADS ＜ Cadence。行业内简单的电路或产品通常用 Protel，复杂的电路或产品用 PADS，特别复杂的一些大型电路适合用 Cadence 的 OrCAD。可以说，Cadence 和 PADS 是主流的 EDA 工具。

规范规则方面，包括元件库设计规范和电路原理图设计规范。电路原理图设计要遵循行业的设计规范、公司的规范。规范的目的首先是保证正确、清晰、统一。其次是把之前的经验固化，避免设计过程中再次出错。总之，规范的最终目的是提高产品的质量。

电路原理图设计工作的大致流程如下：

○ 建立元件库文件：对产品设计选型中所用到的所有元器件逐个建立库文件。PADS Logic 软件需要先建立库文件，而 OrCAD 软件是在建立项目文件后，在库文件（Library）中逐个建立元件库。所谓库文件是指设计中需要用到的电路符号的集合。比如电路设计中需要很多 0402 封装（长 1 mm，宽 0.5 mm）的电阻，如 0 Ω、100 Ω、1000 Ω 等，这就需要建立一个 0402 封装电阻的库文件符号，可以用来代表这一系列的电阻。

○ 新建项目或电路原理图页面：OrCAD 软件需要先建立项目（Project），项目建立完成后自动生成设计（Design）文件，Design 文件包含若干个电路原理图（Schematic），每个 Schematic 又包含若干个页面（Page）。而 PADS Logic 的层级比较简单，可以直接新建页面，通过逐个增加页面来完成整个项目电路原理图的设计。

○ 添加元件：每页的电路原理图都由若干个电子元器件和相关连线构成，这些元件不仅包括芯片、晶体管、电阻、电容和电感等实际元件，还包括电源端口、地符号。首先需要在每个页面把它们添加进来。

○ 对各元件进行连线、添加总线、接地：把元器件的各管脚对应的连接关系连接起来，添加 DDR 等公共总线，如地址线、数据线、控制线。另外，还要对相关电路进行接地。

○ 修改电路数据：修改元器件的位号、器件值等相关数据。

○ 设计规则检查（DRC）：电路原理图设计好后用软件自带的 DRC（Design Rule Check）对电路原理图进行检查，从而查找和更改错误。

○ 导出网表：网表（Netlist）是包含电路原理图元器件各种信息、连接关系的文件，用来导入 PCB Layout（见本书 8.3 节内容）文件，是 Layout 工作的基础。电路原理图设计好后，需要导出网表，以便后续进行 Layout 工作。

针对电路原理设计需要进行下面三点说明：

○ 电路原理图设计的讲解涉及太多相关知识，如电气原理、工具使用等。限于篇幅所限，这里不再详细讲解。同时，本节和后面两节都属于实战技能型内容，对于实战技能型知识重在实际使用练习，本书不做过多的理论讲解。

○ 如图 8-2 硬件研发流程图所示，在设计电路原理图之前需要根据项目设计需要做器件选型工作（器件选型的概念见本书第 6 章），在选定相关元器件后才开始进行电路原理图的设计。

○ 图 8-2 硬件研发流程图中的物料清单（Bill of Material，BOM）文件是

从电路原理图文件中导出来的，即物料表的生成来源于电路原理图。由于 BOM 是从最终定版的电路原理图文件导出的，而实际上定版是在 PCB Layout（见本书 8.3 节）完成后才能完成。因此，BOM 虽然来源于电路原理图，却不是在电路原理图设计阶段进行的，所以 BOM 文件的生成没有列入上面的电路原理图设计流程里面。

图 8-4 和图 8-5 分别是 OrCAD Capture CIS 工具界面和 PADS Logic 工具界面。工具使用讲解起来篇幅较长，单独拿出任一种 EDA 工具来讲解，都可以写一本书。事实上市面上也有很多专门讲解 EDA 工具的教材，读者朋友可以参考相关书籍或网上的教程。

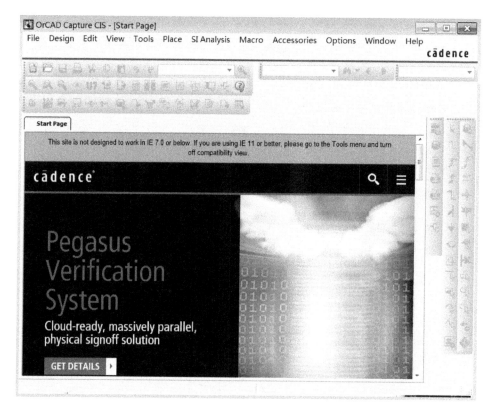

图 8-4　OrCAD Capture CIS 工具界面

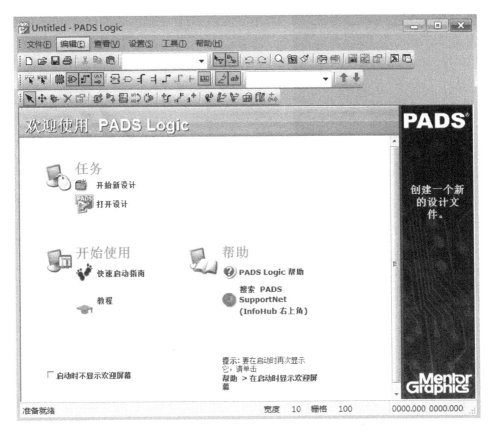

图 8-5　PADS Logic 工具界面

示例

　　图 8-6 是用 OrCAD 软件设计的 NB-IoT 模块电路原理图，该电路原理图较简单，gnm-bc58.dsn 是设计文件，设计文件只有一个 Schematic（即 SCHEMATIC1），SCHEMATIC1 下面有 5 个 Page（页面），第 1 个 Page 是封面页，用于描述项目信息、历史版本。第 2 个 Page 是 SCHEMATIC1 该项目硬件电路的系统框图。后 3 个 Page 分别是模块连接器和电源电路、SoC 芯片 Hi2115 电路、射频前端电路。

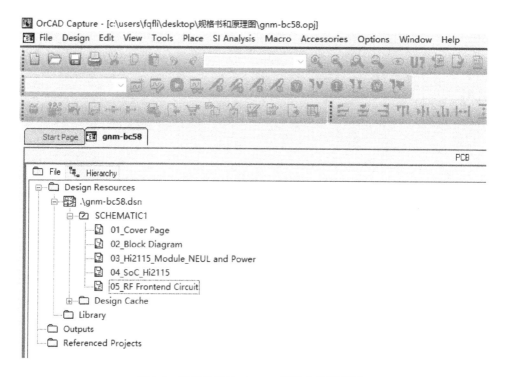

图 8-6　用软件设计 NB-IoT 模块电路原理图

8.3　印制电路板（PCB）

印制电路板（PCB）设计是硬件研发过程中第二个重要环节，也是从原理转化为实物的第一步，并且还是决定产品性能的重要环节。硬件工程师必须具备 PCB 的相关知识和技能，这一点对射频工程师尤为重要。

PCB 长什么样

图 8-7 是 PADS Layout 里的一张智能手机 PCB 图，手机主板的实物就是用这种图生成的。

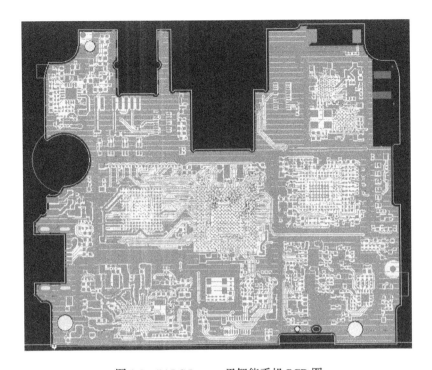

图 8-7　PADS Layout 里智能手机 PCB 图

什么是 PCB

PCB 是根据电路原理图映射出来的实物图，即把电路原理图的电气电路用实际元器件和线路画出来，并送到 PCB 工厂加工成实物电路板。如果说电路原理图是逻辑关系图，那么 PCB 就是物理图。

比如，一个电阻在电路原理图里只是个符号，如图 8-8 所示；在 PCB 里就是一个严格按照实物画出来的实体电阻，如图 8-9 所示。

图 8-8　电阻原理图　　　　　图 8-9　PCB 中的电阻

213

PCB 的作用是什么

根据前面的讲解可知，PCB 通过映射电路原理图来实现电路实物图。电路原理图是理论的，PCB 是实际的，因此除了原理正确外，PCB 设计制作的质量也非常重要。

如何设计 PCB

理论方面，熟练掌握 PCB 的相关理论，理解 PCB 原理才能更好地指导 PCB 设计。

工具方面，熟练使用 PCB 设计软件，如 Cadence 下的 Allegro、PADS 下的 PADS Layout 、Protel 等。

规范方面，PCB 设计要遵循行业内的规范，保证设计的正确性、规范性。同时还要重视工艺的可制造性，一个优秀的 EDA 工程师应熟悉制造工艺，保证设计的 PCB 图在加工制造方面不出问题。

PCB 的叠层：看起来薄薄的毫米级的 PCB，实际上是由好几层叠起来的，这些层次关系就是 PCB 的叠层。每一层赋予特定的功能，最简单的板子是 2 层板，另外有 4 层、6 层、8 层、10 层、12 层等。在 PCB 设计时，首先要规划好 PCB 的叠层，不合理的叠层将给 PCB 设计带来很多问题，也会导致 PCB 的质量下降。图 8-10 是一个厚度为 1 mm 的 8 层板的叠层结构图，8 层具体包括：顶层（TOP ）、地层（GND）、电源层（POWER）、内部信号层（inner signal）、地层（GND）、内部信号层（inner signal）、地层（GND）、底层（BOT）。该叠层是比较理想的规划，在实际中受制于走线较多、成本高等原因，通常没有这么合理的叠层。

实际上，现在电子行业的职位分工非常细，许多行业已经不需要硬件工程师来设计 PCB，设计 PCB 的工作都由专门的 EDA（Electronic Design Automation）工程师来设计。电路原理图设计者对 PCB 设计进行指导和检查，虽然不要求设计 PCB 的能力，但是必须得掌握 PCB 的原理，从而去检查 EDA 工程师设计的 PCB 文件是否存在问题，当有问题时需要提出可行的修改建议。

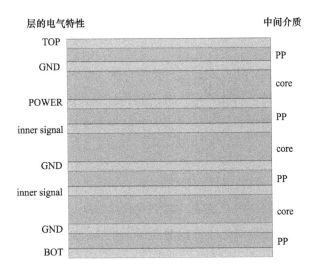

图 8-10　8 层 PCB 叠层图

　　如同本书第 7 章所讲，PCB 设计属于实战性技能，最好的学习方式就是实际操练，这里不做过多讲解。关于使用 EDA 工具绘制 PCB 图的技能和技巧方面的内容较多，此处就不介绍了，市面上有很多这方面的书籍可以参考和学习。

　　遵循消费电子行业职位的实际分工，本章着重介绍射频工程师如何检查 EDA 工程师设计的 PCB 文件，从而发现问题，并提出改进建议。PCB 的检查清单（Checklist）非常多，完全列举出来需要较大的篇幅，这里把它们大致划分为 6 大类（见图 8-11），并对每一类做大致说明。这些内容对于初学者来说，理解起来比较困难，可以在今后工作中消化吸收。

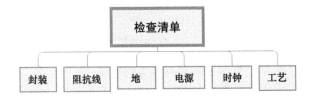

图 8-11　PCB 的射频检查点

○ 封装：检查射频元器件库文件封装设计是否正确、规范。库文件的定义和 8.2 节电路原理图封装库文件类似，也是用来表示一个集合的 PCB 符号，比如一个 0402 封装的电阻、一个特定尺寸和管脚的芯片。和电路原理图设计类似，PCB 文件设计前，也需要建立 PCB 的库文件。

○ 阻抗线：合理的阻抗线线宽和走线形状（如拐弯的线尽量走弧线），线长度尽可能短，回流路径注意完整性，差分线等长，换层尽量少，换层的过孔隔离保护，发射和接收的隔离保护，阻抗线和其他线的隔离保护等。

○ 地（GND）：阻抗线接地尽量完整、干净，注意阻抗线参考地的完整性，单点接地和多点接地，数字地和模拟地是否分开，屏蔽罩充分接地，充足的散热地孔，整板地孔是否足够，避免存在地孤岛，避免地尖角等。

○ 电源（POWER）：足够的电源线线宽，电源回流路径尽可能短，换层时电源过孔数量充足，注意滤波电容的位置，电源线和电源孔的防干扰保护等。

○ 时钟（Clock）：时钟信号走线尽量短，时钟线包地完整性，防止时钟信号干扰阻抗线或电源等，防止时钟之间相互干扰，晶体振荡器下面的地处理（通常需要把下面各层的地挖掉）等。

○ 工艺：包括丝印、阻焊、钢网三个方面。

针对 PCB 需要进行下面 3 点说明：

○ 从图 8-2 可知，在 PCB Layout 前需要先进行元器件的布局（Placement），即 PCB 的布局摆件工作。主要内容是对各种元器件或单元电路的位置区域进行规划，把它们大致摆放到相关区域。这个环节对后面的 PCB Layout 工作有决定作用，需要仔细规划和评审。

○ PCB Layout 完成后，这个文件并不能直接给 PCB 工厂制作电路板，需要把 Layout 文件转换成 Gerber 文件，这一过程叫"出 Gerber"，如图8-2 所示。Gerber 文件是若干文件的集合，包括每一层的线路、阻焊层、丝印层、钻孔等。Gerber 文件生成后还需要再次检查，通常用 CAM 软件检查。Gerber 文件才是工厂用来制作 PCB 的工程文件。

○ Gerber 文件发给 PCB 厂加工时，也就意味着开始准备生产的物料了（各种元器件）。这时需要从前面的原理图上生成 BOM 表，如图 8-2 所示。此表包括了硬件电路板中所有的物料（一切生产所用的元器件材料）。该表包含了元器件的物料代码（各公司以一定规则的编码）、名称、型号、元器件的位号、元器件的值（还包括其他电气参数）、元器件的封装、每个元器件的数量、厂家信息等。

示例

图 8-12 是用 OrCAD Allegro 工具设计的某高端路由器 PCB 图，该路由器采用高通 IPQ8064 平台，为 6 层 PCB 设计。第一层为主要器件摆放层（绝大

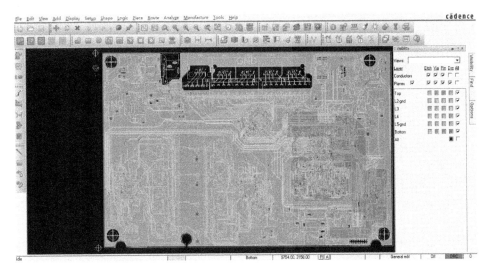

图 8-12　OrCAD Allegro 工具设计的某高端路由器 PCB 图

部分元器件都在该层），第二层为第一个主地层（非常完整的地平面），第三层为电源层（大部分电源走线都在该层），第四层是另一个电源层（少量电源），第 5 层是内部走线层（只有一些控制信号线，也相当于第二个地层），最后一层是另外一个器件摆放层。

> **实战小锦囊**
>
> 无论电路原理图设计还是 PCB 设计，都需要先建立元器件的封装（元器件的准确模型），每家公司都需要对封装库文件做统一的规范，并且设置一定的更改权限。统一的库文件规范会给设计带来很多便利，也降低了设计出错的概率。

8.4　焊接和调试

一个合格的硬件工程师必须拥有熟练的焊接调试能力，仅有理论、文件设计能力，没有实际动手能力，只会坐在计算机前画画图，没有能力在实验室动手工作的工程师，肯定不是一个合格的工程师。常用的焊接调试工具是电烙铁和风枪，这是日常研发设计时硬件工程师的必备工具。

什么是焊接和调试

焊接：使用热风枪和电烙铁等工具把元器件从电路板上拆掉或焊接上，热风枪焊接图如图 8-13 所示，电烙铁焊接图如图 8-14 所示。现在电子产品越来越小型化，IC 等元器件尺寸越来越小，封装越来越复杂，很多 IC 都是 BGA 封装，电阻、电容和电感的封装尺寸也非常小，所以对焊接能力的要求早已不是学校用插件型元件焊接收音机的水平了。

调试：包括硬件调试和软件参数调试。硬件调试包括对电路板的焊接、调整、实验、测试。软件参数调试通常通过一些特定的工具软件，修改电路板寄存器中的参数，使得参数更好地适配硬件电路。

图 8-13 热风枪焊接图

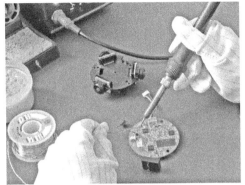

图 8-14 电烙铁焊接图

为什么要焊接和调试

从图 8-2 可知，在 PCB 设计并备料完成后，下一个环节是交给工厂完成试产。工厂会对电路板进行完整的焊接，到工程师手上的电路板是已经焊接好的主板（行业内称为 PCBA）。但是，一个电路或主板设计加工出来后，由于设计的偏差、PCB 的实际特性、各元器件之间的配合等原因，导致电路的特性并不能达到我们设计的理想要求，也达不到产品要求，必然对主板进行各种修改、实验、测试，通过不断地调整优化从而达到产品要求。这个过程包括焊接、实验、测试、分析。

电烙铁的使用方法

电烙铁是电子制作和电器维修的必备工具，主要用途是焊接元件及导线，按机械结构可分为内热式电烙铁和外热式电烙铁，按功能可分为无吸锡电烙铁和吸锡式电烙铁，根据用途不同又分为大功率电烙铁和小功率电烙铁。

电烙铁的使用步骤可以归结为五步，常称为"五步法"，如图 8-15 所示。

○ 准备：准备好被焊工件，电烙铁加温到工作温度，烙铁头保持干净并

吃好锡，一手握好电烙铁，一手抓好焊锡丝，电烙铁与焊锡丝分居于被焊工件两侧。

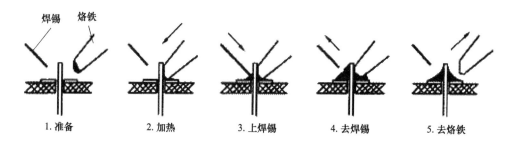

图 8-15　电烙铁使用"五步法"

○ 加热：烙铁头接触被焊工件，包括工件端子和焊盘在内的整个焊件全体要均匀受热，不要施加压力或随意拖动烙铁，时间大概为 1 ～ 2 秒为宜。

○ 上焊锡：当工件被焊部位升温到焊接温度时，送上焊锡丝并与工件焊点部位接触，熔化并润湿焊点。焊锡应从电烙铁对面接触焊件。注意：送锡量要适量，一般以有均匀、薄薄的一层焊锡，能全面润湿整个焊点为佳。合格的焊点外形应呈圆锥状，没有拖尾，表面微凹，且有金属光泽，从焊点上面能隐隐约约分辨出引线轮廓。如果焊锡堆积过多，内部就可能掩盖着某种缺陷隐患，而且焊点的强度也不一定高；但焊锡如果填充得太少，就不能完全润湿整个焊点。

○ 去焊锡：当熔入适量焊锡（这时被焊件已充分吸收焊锡并形成一层薄薄的焊料层）后，应迅速移去焊锡丝。

○ 去烙铁：移去焊锡丝后，在助焊剂（锡丝内含有）还未挥发完之前，迅速移去电烙铁，否则将留下不良焊点。

烙铁的使用主要是掌握好两点：使用合适的温度和掌握好加热时间。这说起来简单，实际上需要一定的实践经验才能掌握。

热风枪的使用方法

热风枪是利用发热电阻丝的枪芯吹出的热风来对元件进行焊接与摘取元件的工具。根据热风枪的工作原理，热风枪控制电路的主体部分应包括温度信号放大电路、比较电路、可控硅控制电路、传感器、风控电路等。

随着消费电子产品小型化的发展，电路中的各种元器件的尺寸也越来越小型化和精密化，因此在焊接调试中常常会使用热风枪。热风枪的使用步骤如下：

第一步，打开热风枪的开关。

第二步，拿起热风枪：很多热风枪都具备感应功能，一旦检测到风枪被拿起来就开始加热。

第三步，调节温度和风速：根据焊接需要调节温度旋钮和风速旋钮。

第四步，对焊接部位加热：把风枪嘴对着要焊接的芯片或其他器件进行加热。注意移动风枪嘴对器件整体均匀加热，不要只对准一个位置持续吹。

第五步，取下元器件（针对拆除器件）：待焊锡熔化后用镊子取掉要取下的元器件。

第六步，放上元器件（针对焊接器件）：待焊锡熔化后用镊子放上要焊接的元器件。

第七步，移开热风枪：使用完后应及时移开热风枪。

和电烙铁使用经验类似，使用热风枪时不仅需要掌握好温度和加热时间，而且要考虑风速。

焊接调试学习的关键在于在实际动手中去积累和提高，属于实操性很强的技能和经验，使用不好很容易损坏电路板，希望各位读者多动手实践。

8.5　射频校准

射频电路调试和其他电路调试最大的区别就是校准（Calibration）。数字和低频模拟调试中很少有校准，但是无线通信标准的射频电路几乎都需要校准。因此，校准工作是射频研发的重要内容。

什么是校准

校准就是通过计算机和校准程序控制无线产品（如手机）进入特定模式，借助测量仪器测试产品的射频参数，并通过校准程序不断调整产品寄存器中的值，以达到最佳的射频参数，然后存储到产品的存储芯片中（如 Flash 芯片）。手机校准示意图如图 8-16 所示。

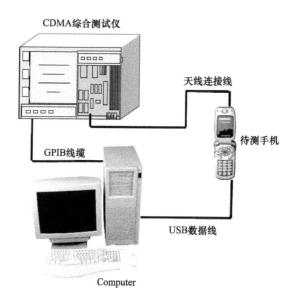

图 8-16　手机校准示意图

为什么需要校准

校准主要为了软硬件的适配、消除各电路板和各厂家的差异。

一是软硬件的适配。射频性能是由软件和硬件两部分控制的，除了调试硬件外（如匹配等），还需要调试软件（寄存器参数），从而使得软件和硬件很好地适配，更好地发挥产品的性能。电路板从生产线上焊接完成后，其电路性能通常比较差，软硬件也是失配状态的，必须进行校准才有可能让性能最佳。

二是消除各电路板的差异。即便是同一家公司的同一个项目，由于不同的元器件的误差不一样，以及焊接差异等都会造成各个主板的射频参数有很大差别，需要通过校准来补偿各个差异。

三是消除各厂家的差异。各个品牌的产品都必须符合相关的标准规范，使射频参数保持一致性，由于设计不同会造成射频参数有很大差异，需要校准后使得射频参数保持一致。

如何校准

在计算机上安装校准程序，通过程序控制有待校准的产品和测试仪器，通过不断"测量→修改寄存器值→测量→再修改"这样的过程，逐步把各个射频参数优化调整到满足统一的标准。

以校准手机主板上某个 LTE 频段内某个信道的最大发射功率为例，大致步骤如下：

第一步，先用综合测试仪（Test Box，见图 8-16 中）测试该信道的最大功率值。

第二步，如果功率值达不到标准，用计算机上的校准软件下指令给手机修改相关寄存器的参数值。

第三步，手机接到指令后执行修改。

第四步，综合测试仪再次测量该信道的最大功率，如果满足标准则把该参数记下来，等到手机的所有校准项目完成后写入 Flash 的文件内（如 qcn 文件）。如果功率仍然不满足标准，则继续执行以上步骤，直到功率满足要求。

一个产品的硬件主板在焊接出来后，通常都不能顺利地校准。在正常校准之前，射频工程师有大量的工作要做。如排查驱动配置是否存在问题、硬件电路是否存在问题、寄存器参数配置是否正确（如高通手机平台 qcn 文件中有很多 NV Item 需要配置和调试），需要在一次次校准失败中逐步排查出各种软硬件问题。不同无线通信技术的射频校准工作差别很大，需要用到的技能和知识内容很多，要讲明白这些必须结合具体的实战过程。这里不做过多的介绍。

不同的产品、不同的平台厂商，有不同的校准和调试工具软件，下面列举 Qualcomm 和 MTK 公司的调试校准软件。

QDART：Qualcomm 公司手机平台的工具软件。

ART：Qualcomm Atheros 公司原来 Wi-Fi 平台的工具软件，现在合并到了 QDART 里面。

META：MTK 公司手机平台的工具软件。

QA Tool：MTK 公司 Wi-Fi 平台的工具软件。

高通手机平台校准工具界面如图 8-17 所示。

🎒 实战小锦囊 ──────────

　　射频调试包括硬件调试和软件调试两部分，同一个问题有可能两种调试方式都可以实现，软件调试的成本和代价较低，请优先考虑通过软件调试的方式来实现。

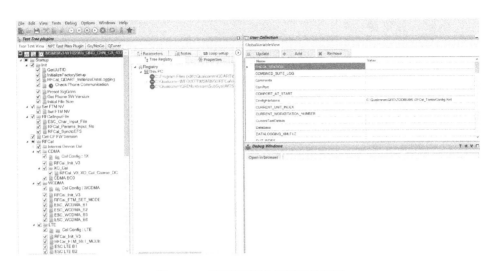

图 8-17　高通手机平台校准工具界面

8.6　射频测试仪器

在射频工程师的研发工作中，有很大一部分时间是在做调试、测试的工作，调试、测试需要借助各种仪器。与基带工作相比，射频领域的仪器种类繁多。这些仪器是工作中的十八般兵器，要想成为无线射频领域中的高手，就必须熟练使用它们。

射频工作常用的仪器有哪些

常用仪器

射频测试常规仪器有万用表、示波器，这是硬件工程师常用的仪表，通常用于基带范畴的测试。万用表通常用来测试简单的电压、电阻、导通及连接性，以及二极管状态等；示波器常用来测试电压、波形、时序、电流，以及高速数字信号的分析图等。

射频专业仪器

射频专业仪器大致分为两种，一种是专用综合测试仪器，另一种是通用基础仪器。

专用综合测试仪器的特点是提供一揽子的测试协议，一台仪器就可以实现整个物理层的测试，下面介绍几种常见的综合测试仪器。

8960 综合测试仪器：原来属于 Agilent 公司的，现在属于是德科技（Keysight）的 8960 测试仪器产品，用来测试移动通信 2G/3G 终端，该仪器功能非常强大，类似基站和手机等终端建立通信连接后进行各种测试。由于界面友好，操作简单，该设备在 2G 和 3G 时代深受工程师喜爱。在 4G 和 5G 时代，Keysight 又推出了 UXM 5G 网络模拟器（终端测试仪）用来满足未来技术的需求。

CMW500：属于罗德与施瓦茨公司（R&S）的移动终端测试仪产品，是从原 CMU200 的基础上升级而来的一款功能更加强大的仪器，可以测试所有的移动通信系统（2G、3G、4G、5G），此外还可以测试 Wi-Fi 等技术指标，是目前 LTE 射频测试的主流仪器。

SP8011：属于北京星河亮点通信软件有限责任公司（简称"星河亮点"）的测试仪器产品，同样支持整个移动通信终端射频指标的测试。该公司在 TD-SCDMA 时代起家，由于 TD 的标准主要在中国使用，所以 TD-SCDMA 产品发展初期，国外仪器厂商都不支持 TD 标准，星河亮点抓住机会研制了支持 TD-SCDMA 的测试仪器。

IQ 系列测试仪：属于莱特波特（LitePoint）公司的 Wi-Fi 测试仪器产品，型号也有很多，莱特波特（LitePoint）公司是 Wi-Fi 射频测试领域最权威的仪器厂商，该仪器也可以测试 ZigBee、蓝牙、LoRa 等方面产品的技术参数。

测量蓝牙、ZigBee 技术参数的综合测试仪器有 Keysight 的 N4010A（已停产）、罗德与施瓦茨公司的 CBT、LitePoint 的 IQ 系列和安立公司的 MT8852B。
测量 GPS 技术参数的综合测试仪有 Aeroflex 公司的 GPS-101，而 Keysight 公
司也有相应的产品和测试方案。

一些常用综合测试仪器如图 8-18 ～图 8-20 所示。

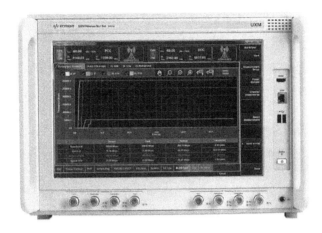

图 8-18　Keysight 的 UXM（E7515A）综合测试仪器

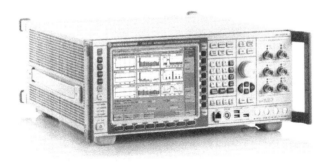

图 8-19　R&S 的 CMW500

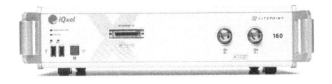

图 8-20　LitePoint 的 iQxel

下面介绍射频通用基础仪器。

频谱分析仪（Spectrum Analyzer，SA）：现在称为信号分析仪，从频域角度对信号进行测试，一般用来测试功率、频谱、调制性能等参数，也常用来测试谐波、杂散、分析噪声等。

网络分析仪（Network Analyzer，NA）：现在叫矢量信号分析仪，用来测试前面史密斯圆图所讲到的端口的复数参数，比如 S 参数、反射系数、驻波等等，通常用来测试阻抗、调试匹配、调试测试天线、测试射频线缆的衰减值。特别常用于天线设计，天线无源设计主要是靠 NA 来调试的。

信号发生器（Signal Generator）：用来产生各种波形（调制和非调制）的信号源，现在已有逐渐被集成到其他仪器的趋势，单独的信号发生器不太常用了。

功率计（Power Meter）：用来测量信号功率，单独的功率计现在几乎见不到了。

Keysight 公司的频谱分析仪如图 8-21 所示，Keysight 公司的网络分析仪如图 8-22 所示。

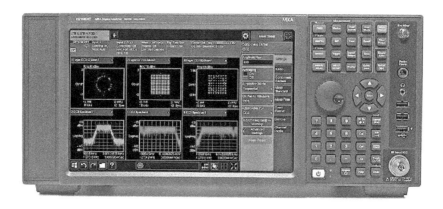

图 8-21　Keysight 公司的频谱分析仪

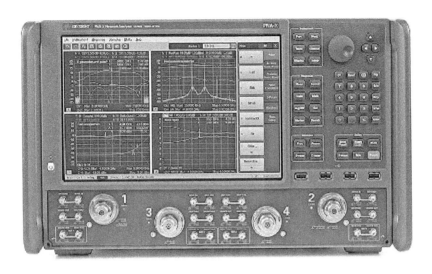

图 8-22 Keysight 公司的网络分析仪

仪器如何使用

不同的仪器需要设置的参数常常不一样，有时差异很大。对于专用综合测试仪器，每个仪器的厂家都有详细的使用指导文件，需要学习参考这些操作指导文件。由于篇幅较长，这里不再具体展开介绍。下面简单介绍频谱分析仪和网络分析仪的使用方法。

频谱分析仪

由于篇幅限制，这里只介绍频谱分析仪基本测量时的操作方法。主要包括下列 6 个方面的设置或操作。

（1）频率参数的设置：选择"FREQUENCY"按钮设置中心频率、起始频率、终止频率。

（2）幅度参数设置：选择"AMPLITUDE"按钮设置基准参考电平、输入衰减、幅度显示刻度为对数和线性刻度、电平单位、幅度刻度每格的值。

（3）频率扫描宽度间隔设置：设置扫描宽度带宽、设置全景扫描间隔。

（4）分辨率带宽（RBW）和视频带宽（VBW）设置：这是非常重要的参数设置，需要根据实际测量调整设置。RBW 可以理解为分析带宽，较小的 RBW 有更好的分辨率，能够更好地分辨两个信号；较大的 RBW 可能会淹没微弱的信号（如杂散等）。VBW 主要影响信号图像的平滑度，减小 VBW 可以减小噪声峰值的变化量，提高较低信噪比信号测量的分辨率和复现率。

（5）扫描时间和扫描、触发方式设置：设置扫描时间、扫描方式、触发方式。

（6）频率标记设置：即 Marker 的设置，方便观察和测量数据。

网络分析仪

网络分析仪在使用前必须校准，其校准步骤如下：

第一步，按复位按钮"Preset"，对仪器进行复位。

第二步，通过"Start"按钮和"Stop"按钮设置测试的起始频率范围。

第三步，按"Format"按钮，然后选择"Smith"格式显示。

第四步，按"Cal"按钮，选择校准件类型（Cal Kit），然后选择要校准的端口，这会涉及单端口或双端口校准的选择。

第五步，按照提示连接"Open"校准件，然后按下"Open"按钮执行校准。按照同样的步骤，分别校准"Short"和"Load"。对于电子校准来说，无须这些步骤。

第六步，校准完毕后取下校准件，观察各频点的阻抗值是否在开路附近。

第七步，校准延长线：在测试时经常需要连接线缆到待测电路上，所以要对延长线进行校准补偿。按"Cal"按钮，打开"Port Extension"，选择"Auto

Port Extension"进行自动补偿,选择"Include Loss"(包含补偿线损耗),选择"Measure OPEN"(开路校准),最后选择"ALL"执行。补偿后观察各频点是否回到开路位置。

具体测量时常用的设置有：

（1）"Meas"：设置测量类型，如 S11、S21 等。

（2）"Format"：设置数据格式，如 SWR、Smith、LOG 和 Line 等。

（3）"Start""Stop""Center""Span"：同频谱分析仪一样，设置频率范围。

（4）"Marker"功能：Marker 的设置和搜索等功能。

操作仪器同样属于实战性技能，只能在实际使用中学习提高。

实战小锦囊

对于小的研发公司，受限于资金问题，或许没有条件购买所有的仪器，这时可以借助仪器厂商的公开实验室资源，申请去公开实验室测试。例如，物联网产品，功耗是关键的痛点之一，除正常的性能测试外，还需要额外关注功耗测试，这时就可以借助于仪器厂商的公开实验室资源，比如针对 NB-IoT 的功耗测试，美国 Keysight 公司有一套用 UXM+N6705C 组成的测试方案，在研发验证的时候可以去公开实验室测试。

8.7　产品认证

从图 8-1 项目的完整流程图可知，一个产品经过研发阶段后，产品的性能得到不断的提升和改善，最后趋于稳定后即将进入大批量生产阶段（MP）。此时必须启动产品认证工作（有时为了尽快上市，可能更早地启动认证）。

什么是认证

认证是指由相关组织或国家机构对相关产品（这里专指产品认证）进行检验测试，从而确保产品符合相关组织或国家机构的"安全""技术""质量""标准规范"等方面的强制性要求。认证工作在硬件工程师工作范畴内，在产品立项评估、研发设计、调试、量产等环节都需要注意。

认证的作用是什么

从公司和产品的角度来讲，认证的主要目的是为了使产品合法上市。电子产品在上市前必须经过相关组织和国家机构的认证，取得相应认证证书后才能上市，也就是取得正式"身份"，否则就属于非正规产品范畴了；从相关组织和国家机构的角度来讲，认证主要是为了保证市面上销售的产品符合"安全""技术""质量""标准规范"等方面的要求，进而保证消费者的合法权益、提高产品质量等。

有哪些认证

大致上认证可以分为两大类：一类是国家或地区性的强制性和非强制性认证，另一类是某些组织的强制性和非强制性认证。作为无线电子产品，通常需要做的认证有 SRRC、CTA、CCC、CE、FCC、UL、Wi-Fi 联盟认证、蓝牙认证等。

SRRC SRRC 认证

SRRC 属于中国无线电管理的强制认证，又叫"无线电型号核准"。在我国销售和使用的所有无线电产品和组件（如无线模块）都必须做此认证。目的是使得无线产品和组件符合中国境内对无线电管理的要求，认证合格后取得 CMIIT ID 号码（无线电发射设备型号核准代码）。SRRC 认证适用产品主要有手机、无线路由器、网卡、智能插座、无人机、共享单车智能锁、无线 IoT 产品和模块等。SRRC 认证原来的费用很高，从 2018 年 10 月 11 起，SRRC 认证不收取费用。

CTA 认证

CTA 认证是中国入网许可证认证，对于接入公共电信网的电信终端、无线电通信设备，以及网间互联的通信设备，必须实行入网许可制度，认证后取得入网许可证书。CTA 认证适用产品主要有手机、移动网卡、移动通信模块、共享单车智能锁、接入公共网的物联网产品等。

CCC 认证

CCC 又称"强制性产品认证制度"，是为了保证消费者人身安全、国家安全、加强产品质量的一种产品合格认证。在我国国内销售的几乎所有类别的产品都必须强制性通过 CCC 认证。因此，一切电子产品都必须经过 CCC 认证。

CE 认证

CE 是欧盟的强制性安全认证，属于市场准入测试，在欧洲范围内销售的几乎所有产品都要通过 CE 认证。对于无线产品来说，类似于 SRRC、CCC、部分 CTA 的综合测试。一切在欧洲销售的电子产品必须过 CE 认证。

FCC 认证

FCC 是指美国联邦通信委员会认证，适用于在美国地区销售的各种电子通信产品，另外还包括灯具、玩具、机械产品。对于电子通信产品来说，类似于欧盟的 CE 认证，只不过 FCC 的要求很高，难度远大于 CE。

UL 认证

UL 认证是指美国保险商试验所认证，在美国属于非强制性的安全认证，几乎适用于所有类别的产品。虽然不是强制性认证，但是美国绝大多数公司和产品都会通过这个认证，以显示产品的安全保证，从而使得产品畅销，所以类似国内的 CCC 认证。对于其他国家的产品而言，这就是一个强制性认证，因为美国海关对进口产品要求必须有 UL 认证。

 **Wi-Fi 联盟认证**

Wi-Fi 联盟是一个商业性组织，负责 Wi-Fi 认证与商标授权。在产品外观上打印 Wi-Fi LOGO 时必须通过这个认证，认证的基本内容是：互联互通的兼容性测试、协议一致性测试、吞吐量测试。适用产品：一切支持 Wi-Fi 技术，同时又会在产品外观上打 Wi-Fi LOGO 的产品。

Bluetooth®蓝牙认证

类似上面的 Wi-Fi 联盟认证，属于蓝牙标志认证，一切支持蓝牙技术，而且需要在产品外观上打印蓝牙 LOGO 的产品都需要通过这个认证。

研发人员注意事项有哪些

从无线射频工程师的角度来说，需要重点关注国内相关认证的注意事项，国外常做的 CE 和 FCC 认证和我国国内测试基本类似，主要差别在于标准，美国的标准较严格。因此，当产品需要在美国市场销售时，在研发阶段就要考虑 FCC 认证问题。

○ SRRC 认证

在设计研发阶段主要考虑最大功率不要超过 SRRC 认证的对应要求，同时注意传导和辐射杂散的测试，尽量在研发阶段就摸底测试，有问题及时解决，不要留到认证测试时才考虑，否则会出现产品改版的风险，将严重影响产品上市时间。

○ CCC 认证

CCC 认证主要考虑电磁兼容（EMC）方面的问题，在研发阶段就要注意摸底测试。

○ CTA 认证

CTA 认证其实包括三个测试认证，即 CCC、SRRC、泰尔实验室 /TMC/

MTNET。CTA 认证测试内容繁多，除了 CCC 和 SRRC，还包括射频性能测试（泰尔实验室）、EMC 和 SAR 的测试（TMC）、OTA 测试，容易出问题的通常是 EMC 和 SAR 的测试。

○ CE 认证

CE 认证通常包括 EMC、RF 性能指标、安全指标、健康 SAR 测试。

○ FCC 认证

FCC 认证一般包括 EMC、RF、SAR 测试，其中 FCC 认证的标准是非常严格的，难度非常大。对于手机来说，SAR 是最大的难点之一。对于无线路由器和无线 AP 来说，如果支持 5G 频段，DFS 认证是需要重点考虑的。

世界各地区的认证种类见表 8-2。

表 8-2　世界各地区的认证种类

地区及国家		认　　证
亚洲	中国	SRRC/CTA/CCC/CQC
	日本	TELEC/VCCI/JATE/PSE
	韩国	KC/MISP/MEPS/E-STANDBY
	印度尼西亚	SDPPI/SNI
	新加坡	IDA/S MARK（PSB）
	马来西亚	SIRIM/ST MARK
	泰国	TISI/NTC
	菲律宾	NTC/BPS
	柬埔寨	MPTC/ISC
	文莱	JIB/AITI
	越南	MIC/QUACERT
	斯里兰卡	TRCSL/SLSI
	印度	ETA/TEC/STQC/BIS
	巴基斯坦	PTA/PSQCA

地区及国家		认 证
亚洲	孟加拉国	BTRC
	尼泊尔	NTA
	土耳其	CE
	沙特阿拉伯	SASO/CITC
	科威特	MOC/KUCAS
	卡塔尔	ICT
	以色列	SII/MOC
	阿拉伯联合酋长国	TRA/ESMA
	约旦	TRC/JQM
	巴林	TRA
	阿曼	TRA
	伊朗	CRA
非洲	埃及	NTRA/GOEIC
	南非	SABS/ICASA
	尼日利亚	NCC/SONCAP
	肯尼亚	CA/PVOC
	摩洛哥	ANRT
	阿尔及利亚	ARPT
	突尼斯	CERT/ANCE
美洲	美国	FCC/UL/DOE/CEC
	加拿大	IC/CSA/NRCAN
	墨西哥	COFETEL/NOM
	阿根廷	CNC/S-MARK
	巴西	ANATEL/INMETRO
	委内瑞拉	CONATEL
	哥伦比亚	CRT
	秘鲁	MTC
	智利	SUBTEL/SICAL

（续表）

地区及国家		认 证
美洲	厄瓜多尔	SUPERTEL
欧洲	欧盟	CE/R & TTE/EMC/LVD；WEEE/ROHS/REACH；E-MARK
	英国	BEAB
	德国	TUV-GS
	俄罗斯	CU/FAC/ EAC
	乌克兰	UkrCEPRO
	白俄罗斯	EAC
大洋洲	澳大利亚	RCM/SAA/MEPS
	新西兰	TELEPERMIT

 动动小手

看看你的手机是否具有合法身份。

（1）拿出你的手机，查看相应的型号。

（2）登录工业和信息化部官网：http://www.miit.gov.cn/。

（3）在"政务服务大厅"中单击"无线电和卫星通信"。

（4）进入页面后单击"无线电发射设备型号核准"。

（5）进入页面后单击下面的"结果查询"。

（6）进入页面后在查询栏里输入型号进行查询。

参 考 文 献

[1] 范博 . 射频电路原理与实用电路设计 [M]. 北京：机械工业出版社，2006.

[2] 毕查德 . 拉扎维 . 射频微电子学 [M]. 北京：机械工业出版社，2017.

[3] 李缉熙 . 射频电路与芯片设计要点 [M]. 北京：高等教育出版社，2007.

[4] Afif Osseiran，Jose F. Monserrat，Patrick Marsch. 5G 移动无线通信技术 [M]. 陈明，缪庆育，
刘愔，译 . 北京：人民邮电出版社，2017.

[5] Ulrich L. Rohde，David P. Newkirk. 无线应用射频微波电路设计 [M]. 刘光祐，张玉兴，
译 . 北京：电子工业出版社，2004.

[6] Rowan Gilmore，Les Besser. 现代无线系统射频电路实用设计 [M]. 杨芳，翁木云，译 . 北
京：电子工业出版社，2006.

后　记

编写本书是为了高校的实战设计课程及教学。在这本书出版之前，著者已经以此为教材，教授了两届大三学生。他们来自电子、通信、物联网专业，甚至也有电气自动化专业的学生。在两年的教学检验基础上，著者又对这些内容进行了完善和优化，以便更有利于读者阅读和学习。

正是由于在实际教学检验时发现一个现实问题，即工程实战性的知识和技术不便于通过理论性的教学来实现，本书在涉及实战性章节时不做过多的理论介绍。对于工程实战内容，采用实际项目进行现场实践教学，学生们的兴趣大增，学习起来也比较高效。为此，著者正在规划以实战项目为载体，对读者朋友提供实战服务，以便帮助读者进一步提高学习效率。

实战教学将完全按照企业研发设计项目的流程来完成一个项目。通过真刀真枪的"实战"，综合运用所学的理论知识，一边实践，一边思考、验证在前面一些实战性较强的章节无法讲解的技能和经验，从而锻炼大家的工程研发能力。希望帮助即将毕业的学生应聘到理想的工作，或者能够提高自身的工作技术水平。

选取项目的原则有两个：首先是"专业性"，其次是"先进性"。"专业性"是指所选的项目非常符合将要从事职业的内容；"先进性"是指所选项目必须

是最近一两年市面上流行的产品，或者社会上刚刚兴起的产品。用这两个原则来确保项目的实战价值。

因此，所选项目是动态变化的，每年根据市场的发展情况选择一个项目进行实战训练。预计未来项目的主要领域有移动通信、无线局域网和物联网等。

移动通信：技术类型为 3G、4G 和 5G。产品形态有通信模块、手机，以及其他支持移动通信的相关电子产品。

无线局域网：技术类型为各种 IEEE 802.11x 的 Wi-Fi 技术，产品形态有智能路由器、智能网关，以及带无线功能的相关智能硬件产品。

物联网：技术类型为 ZigBee、Bluetooth、NB-IoT、LoRa 等，产品形态有相关物联网网关、终端、模块，以及智能家居产品，如智能锁、智能灯泡、智能插座等。

如同英雄年少要出山，妙龄佳人离家门。学了这么多理论，是时候做个项目检验一下自己的身手了！

我们将根据社会当前技术人才需求情况开设实战服务训练，有意参与实战训练的读者，可以通过 QQ（180302393）或邮箱（service@goodcareer.com.cn）联系我们。